**基于工作过程导向的"十三五"系列立体化教材**
**高等职业教育机电一体化及电气自动化专业教材**

# PLC技术及应用

## （三菱）

◎主　编　张　虹　方鹄翔　彭　勇
◎副主编　沈一凛　伍向东　周惠芳
　　　　　姜　慧　郝　琳
◎参　编　左　可　张龙慧　刘　珊
　　　　　贺晶晶　邓　鹏　赵　君
　　　　　袁　泉　裴　琴

华中科技大学出版社
http://www.hustp.com
中国·武汉

**图书在版编目(CIP)数据**

PLC 技术及应用/张虹,方鸳翔,彭勇主编. —武汉:华中科技大学出版社,2017.8(2023.7 重印)
ISBN 978-7-5680-2099-2

Ⅰ.①P… Ⅱ.①张… ②方… ③彭… Ⅲ.①PLC 技术-高等学校-教材 Ⅳ.①TM571.6

中国版本图书馆 CIP 数据核字(2016)第 183893 号

## PLC 技术及应用
PLC Jishu ji Yingyong

张　虹　方鸳翔　彭　勇　主编

策划编辑:倪　非
责任编辑:段亚萍
责任监印:朱　玢
出版发行:华中科技大学出版社(中国·武汉)　　电话:(027)81321913
　　　　　武汉市东湖新技术开发区华工科技园　　邮编:430223
录　　排:匠心文化
印　　刷:武汉市籍缘印刷厂
开　　本:787mm×1092mm　1/16
印　　张:13
字　　数:323 千字
版　　次:2023 年 7 月第 1 版第 4 次印刷
定　　价:32.00 元

可编程控制器(PLC)是以微处理器为核心技术的通用工业自动化控制装置,在工业自动控制、机电一体化等方面广泛应用,而这就需要培养一大批高素质技术技能型人才,这些人才不但要能掌握 PLC 技术理论知识,而且要具有动手能力、工程实践能力与创造能力。因此,本书通过对 PLC 工程技术的工作岗位进行分析,将岗位核心能力由浅入深分解为五个课题、若干个任务。本书在编写过程中,贯彻以下原则。

1. 从岗位需求分析入手,按照国家职业标准《维修电工》《可编程序控制系统设计师》,并参照电气自动化技术专业技能抽查要求,精选工作任务,强调专业职业技能训练。

2. 在编写思想上,以技能训练为主线,以理论知识为支撑。因此,按照"课题、任务"的编写模式,任务分为"任务提出""任务分析""相关知识""任务实施""任务总结""思考与练习"等几个阶段,由实际工作任务引入,通过分析引出相关知识和技能。

3. 从中、高职学生的学习特点和认知规律出发,对基本知识和方法的论述多用图表形式,降低自学难度,引导学生主动学习。

4. 内容紧随技术和经济的发展而更新,及时引入新技术、新设备、新工艺和新案例等,同时注重加强信息化教学资源建设,提高教学服务水平。

本书由湖南电气职业技术学院张虹、方鸷翔和彭勇担任主编;湄洲湾职业技术学院沈一凛,湖南电气职业技术学院伍向东、周惠芳、姜慧,许昌电气职业学院郝琳担任副主编。其中,张虹、方鸷翔、彭勇编写课题一、课题三和课题五,沈一凛、姜慧编写课题四,伍向东、周惠芳、郝琳编写课题二。

本书可供各大中专院校机电专业师生学习、提高使用,也能为机电专业等相关工程技术人员提供部分参考。由于编者水平有限,书中难免存在错误和不当之处,欢迎广大读者批评指正,并及时向我们反馈质量信息。

编  者

2017 年 7 月

# 目录 MULU

## 课题一
## PLC 基础知识

知识目标

通过学习,你需要

1. 了解 PLC 的基本概念;

2. 掌握 PLC 的内部结构及各部分功能;

3. 掌握 PLC 的工作原理;

4. 掌握继电器控制系统与 PLC 控制系统的联系与区别。

技能目标

通过操作,你能够

1. 利用编程软件 GX Developer 的工具栏、菜单命令等编辑梯形图程序;

2. 连接 PLC 与计算机,将梯形图程序写入 PLC,并对录入的程序进行调试;

3. 将"启-保-停"编程方法应用于灯光控制、电动机连续运行。

# ◀ 任务一　认识 PLC ▶

## ■ 任务提出

1. PLC 的硬件组成包括哪些部分？各部分有何特点？其作用是什么？
2. PLC 数字量的输出接口电路有几种类型？如果要驱动交流负载，应选择哪种类型？

## ■ 相关知识

可编程逻辑控制器（programmable logic controller，PLC）简称可编程控制器，它以微处理器为基础，是综合了计算机技术、自动控制技术和通信技术发展起来的一种通用工业自动控制装置。PLC 具有体积小、功能强、程序设计简单、灵活通用等优点，而且具有高可靠性和较强的适应恶劣工业环境的能力，是实现工业生产自动化的支柱产品之一。

### 一、PLC 的产生和应用

从 20 世纪 20 年代起，人们已经将继电器控制系统应用于工业生产自动化领域中，并在很长时间内占据着主导地位，但是传统的继电器控制系统存在体积大、可靠性低、查找和排除故障困难等缺点，特别是其接线复杂、不易更改，对生产工艺变化的适应性较差。一种新型的装置，一项先进的应用技术，总是根据工业生产的实际需要产生的。为了打破传统继电器控制系统的束缚，适应市场竞争的要求，1968 年，美国通用汽车公司（GM 公司）为了适应汽车型号不断更新、生产工艺不断变化的需要，实现小批量、多品种生产，希望能有一种新型工业控制器，它能做到尽可能地减少重新设计、更新电气控制系统及接线，以降低成本，缩短周期。于是就设想将计算机功能强大、灵活、通用性好等优点与继电器控制系统简单易懂、价格便宜等优点结合起来，制成一种通用控制装置，而且这种装置采用面向控制过程、面向问题的"自然语言"进行编程，使不熟悉计算机的电气控制人员也能很快掌握使用。

当时，GM 公司提出以下十项设计标准：

（1）编程简单，可在现场修改程序。

（2）维护方便，采用模块式结构。

（3）可靠性高于继电器控制柜。

（4）体积小于继电器控制柜。

（5）成本可与继电器控制柜竞争。

（6）可将数据直接送入计算机。

（7）可直接使用市电交流输入电压。

（8）输出采用市电交流电压，能直接驱动电磁阀、交流接触器等。

（9）通用性强，扩展方便。

（10）能存储程序，存储器容量可以扩展到 4 KB。

1969 年,美国数字设备公司(DEC)研制出第一台 PLC PDP-14,并在美国通用汽车公司自动装配线上试用,获得成功。这种新型的电控装置由于优点多、缺点少,很快就在美国得到了推广应用。1971 年,日本从美国引进这项技术并研制出日本第一台 PLC。1973 年,德国西门子公司研制出欧洲第一台 PLC。我国 1974 年开始研制,1977 年开始工业应用。

国际电工委员会(IEC)在 1987 年 2 月颁布的可编程控制器标准草案的第三稿中将 PLC 定义为:"可编程控制器是一种数字运算操作的电子系统,专为在工业环境下应用而设计。它采用可编程序的存储器,用来在其内部存储执行逻辑运算、顺序控制、定时、计数和算术运算等操作的指令,并通过数字式、模拟式的输入和输出,控制各种类型的机械或生产过程。可编程控制器及其有关设备,都应按易于与工业系统连成一个整体、易于扩充其功能的原则设计。"

实际上,现在 PLC 的功能早已超出了它的定义范围。现在 PLC 主要应用于开关量逻辑控制、运动控制、闭环过程控制、数据处理和通信联网等。图 1-1 所示为 PLC 的通信联网示意图,图 1-2 和图 1-3 所示为 PLC 的两个应用实例。

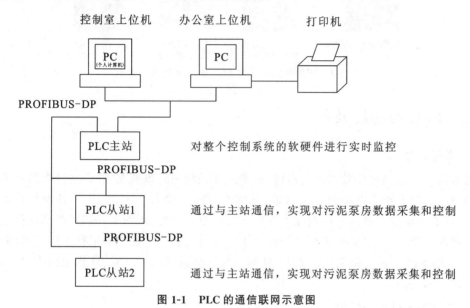

图 1-1　PLC 的通信联网示意图

图 1-2　选用 GE 公司 PLC 的某开关量控制盘

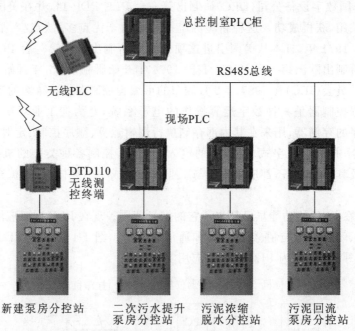

总控制室PLC柜

RS485总线

无线PLC

现场PLC

DTD110
无线测
控终端

新建泵房分控站　　二次污水提升　　污泥浓缩　　　污泥回流
　　　　　　　　　　泵房分控站　　脱水分控站　　泵房分控站

**图 1-3　选用西门子公司 PLC 的污水处理控制柜**

## 二、PLC 的功能及特点

### 1. 高可靠性

所有的 I/O 接口电路均采用光电隔离,使工业现场的外电路与 PLC 内部电路之间从电气上隔离。各输入端均采用 R-C 滤波器,其滤波时间一般为 10～20 ms。各模块均采用屏蔽措施,以防止辐射干扰。采用性能优良的开关电源,并对采用的器件进行严格的筛选。良好的自诊断功能,一旦电源或其他软硬件发生异常情况,CPU 立即采用有效措施,以防止故障扩大。大型 PLC 还可以采用由双 CPU 构成的冗余系统或由三 CPU 构成的表决系统,使可靠性进一步提高。

### 2. 丰富的 I/O 接口模块

PLC 针对不同的工业现场信号,如交流或直流、开关量或模拟量、电压或电流、脉冲或电位、强电或弱电等,有相应的 I/O 接口模块与工业现场的器件或设备,如按钮、行程开关、接近开关、传感器及变送器、电磁线圈、控制阀等直接连接。

另外,为了提高操作性能,它还有多种人机对话的接口模块;为了组成工业局部网络,它还有多种通信联网的接口模块等。

### 3. 采用模块化结构

为了适应各种工业控制需要,除了单元式的小型 PLC 以外,绝大多数 PLC 均采用模块化结构。如 CPU、电源、I/O 接口等均采用模块化设计,由机架及电缆将各模块连接起来,系统的规模和功能可根据用户的需要自行组合。

### 4. 编程简单易学

PLC 的编程大多采用类似于继电器控制线路的梯形图形式,对于使用者来说,不需要具备专门的计算机知识,因此很容易被一般工程技术人员所理解和掌握。

**5. 安装简单,维修方便**

PLC 不需要专门的机房,可以在各种工业环境下直接运行。使用时只需将现场的各种设备与 PLC 相应的 I/O 接口相连接,即可投入运行。各种模块上均有运行和故障指示装置,便于用户了解运行情况和查找故障。

PLC 采用了模块化结构,一旦某模块发生故障,用户可以通过更换模块的方法使系统迅速恢复运行。

# 三、PLC 的分类

## 1. 按结构形式分类

PLC 根据结构形式不同,可分为整体式 PLC 和模块式 PLC。

1)整体式 PLC(单元式、箱体式)(小型)

微型 PLC 一般采用整体式结构。其特点是将电源、CPU、存储器、I/O 安装在一个标准机壳内,组成一个 PLC 的基本单元(主机)。基本单元上设有 I/O 扩展单元接口、通信接口等,可以和扩展单元模块相连接。小型机系统还提供许多特殊功能模块,如 I/O 模块、通信模块等。通过不同的配置,可完成不同的控制任务。

整体式 PLC 的特点:结构紧凑,体积小,价格低,容易装配在工业控制设备的内部,适于生产机械的单机控制。

2)模块式 PLC(积木式)(中、大型)

中、大型 PLC 多采用模块式结构,模块式结构的 PLC,各个功能部分做成独立模块,如电源模块、CPU 模块、I/O 模块、各种功能模块等,使用时将这些模块插在导轨基架上即可。

模块式 PLC 的特点:配置灵活,装配维护方便,易于扩展。

## 2. 按 I/O 点数和存储器容量分类

PLC 按 I/O 点数的多少可分为 3 类:小型机、中型机和大型机。

1)小型机(I/O 点数小于 128 点,存储器 2 KB 步)

小型机一般以开关量的逻辑控制为主,其 I/O 点数在 128 点以下。小型机主要应用于逻辑控制、定时、计数、顺序控制,也具有一定的通信能力和模拟量处理功能。其特点是价格低廉、体积小,适用于单机设备。

2)中型机(I/O 点数在 128~2048 点,存储器 2~8 KB 步)

中型机具有逻辑运算、算术运算、数据传送、中断、数据通信、模拟量处理等功能。它不仅具有较强的开关量控制能力,而且通信能力和模拟量处理功能也更强大。其指令群更丰富,适用于复杂的逻辑控制及连续生产线的过程控制。

3)大型机(I/O 点数大于 2048 点,存储器大于 8 KB 步)

大型机的程序存储器和数据寄存器容量可达到 10 MB,其性能已经与工业控制计算机相当。它具有数据运算、模拟调节、联网通信、监视记录、打印等功能,还有强大的网络结构和通信联网能力。它的监视系统能够表示过程的动态流程,记录各种曲线、PID 调节参数等。它还可以构成多功能控制系统,可以与其他型号的控制器相连,和上位机相连,组成集散控制系统。大型机适用于大规模控制、自动化网络控制、过程监控等系统。

## 四、PLC 的硬件组成

PLC 是一种为工业控制而设计的专用计算机。PLC 主要由 CPU 模块、输入模块、输出模块、电源和编程设备组成,CPU 模块通过输入模块将外部控制现场的控制信号读入 CPU 模块的存储器中,经过用户程序处理后,再将控制信号通过输出模块来控制外部的执行机构。图 1-4 所示为 PLC 控制系统的示意图。

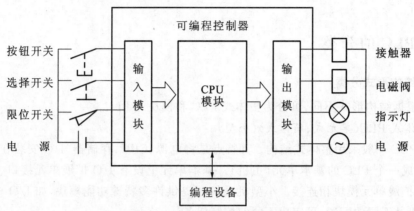

图 1-4　PLC 控制系统的示意图

### 1. CPU 模块

PLC 的 CPU 模块由 CPU 芯片和存储器组成。

1) CPU 芯片

CPU 芯片是 PLC 的核心部件,整个 PLC 的工作过程都是在 CPU 的统一指挥和协调下进行的,CPU 的主要任务有:

(1) 接收从编程软件或编程器输入的用户程序和数据,并存储在存储器中。

(2) 用扫描方式接收现场输入设备的状态和数据,并存入相应的数据寄存器或输入映像寄存器。

(3) 监测电源、PLC 内部电路工作状态和用户程序编制过程中的语法错误。

(4) 在 PLC 的运行状态执行用户程序,完成用户程序规定的各种算术逻辑运算、数据的传输和存储等。

(5) 按照程序运行结果,更新相应的标志位和输出映像寄存器,通过输出部件实现输出控制、制表打印和数据通信等功能。

2) 存储器

PLC 的存储器有两种,即存放系统程序的系统程序存储器和存放用户程序的用户程序存储器。

(1) 系统程序存储器。

系统程序存储器用只读存储器(ROM、PROM、EPROM、EEPROM)实现,具有掉电保持功能。系统程序存储器主要用来存放 PLC 的系统程序,系统程序是 PLC 生产厂家固化在 ROM 中的,用户不能更改。

(2) 用户程序存储器。

用户程序存储器一般用随机存储器（RAM）实现，以方便用户修改程序，为了使 RAM 中的信息不丢失，RAM 都有后备电池。固定不变的用户程序和数据也可固化在只读存储器中。

**2．输入/输出接口**

PLC 的输入/输出信号类型可以是开关量，也可以是模拟量。PLC 与工业过程相连接的接口即为输入/输出接口（I/O 接口），对 I/O 接口有两个要求：一是接口有良好的抗干扰能力，二是接口能满足工业现场各类信号的匹配要求。所以，接口电路一般都包含光电隔离电路和 RC 滤波电路。PLC 生产厂家根据不同的接口设计了不同的接口单元，主要有以下几种。

1）开关量输入/输出接口

（1）开关量输入接口。

开关量输入接口电路的作用是将现场的开关量信号变成 PLC 内部处理的标准信号。开关量输入接口电路通常有两类：一类为直流输入接口电路，如图 1-5 所示；另一类为交流输入接口电路，如图 1-6 所示。直流输入接口电路中所用的电源，一般由 PLC 内部的电源供给，$K_0 \sim K_7$ 为现场外接开关，内部电路中的 $R_1$ 为限流电阻，$R_2$ 和 $C$ 构成滤波电路，可滤掉输入信号中的高频抖动部分，保证光电隔离器工作的可靠性。发光二极管 $LED_0$ 为输入状态指示灯。例如，当输入开关 $K_0$ 闭合时，经 $R_1$、$LED_0$ 和 $VT_0$ 构成通路，输入指示灯 $LED_0$ 亮，同时光电耦合器 $VT_0$ 饱和导通，$X_0$ 输出高电平；当输入开关 $K_0$ 断开时，电路不通，$LED_0$ 不亮，$VT_0$ 不导通，$X_0$ 为低电平，无信号输入。交流输入接口电路的电源一般由外部电源供给，输入的交流信号经整流后得到直流，再驱动光电耦合器。光电耦合电路的关键器件是由发光二极管和光电三极管组成的光电耦合器，具有抗干扰及产生标准信号的作用。

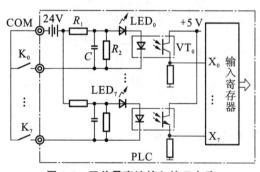

图 1-5　开关量直流输入接口电路

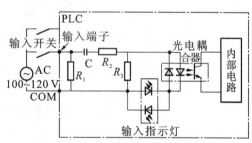

图 1-6　开关量交流输入接口电路

（2）开关量输出接口。

开关量输出接口电路的作用是将 PLC 的输出信号传送到用户输出设备（负载），开关量输出接口电路可分为三类：直流输出接口电路（见图 1-7）、交直流输出接口电路（见图 1-8）和交流输出接口电路（见图 1-9）。按输出开关器件的种类不同，开关量输出接口电路也可分为三类：晶体管输出型、继电器输出型、双向晶闸管输出型。每一种输出接口电路都采用了电气隔离技术，电源都由外部提供，输出电流一般为 0.5～2 A，这样的负载容量一般可以直接驱动一个常用的接触器线圈或电磁阀。

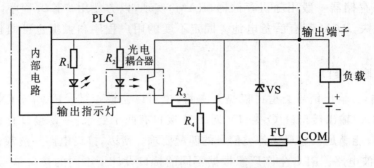

图 1-7　直流输出接口电路(晶体管型)

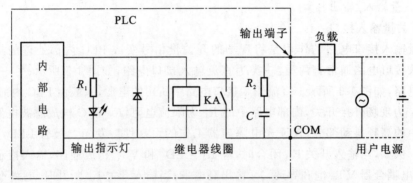

图 1-8　交直流输出接口电路(继电器型)

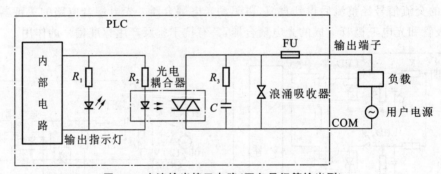

图 1-9　交流输出接口电路(双向晶闸管输出型)

(3) 对于输出接口电路应当注意以下几点:

①各类输出接口电路中都具有隔离耦合电路。

②输出接口电路本身都不带电源,而且在考虑外驱动电源时,还需考虑输出器件的类型。

③继电器型的输出接口电路可用交流及直流两种电源,但接通与断开的频率低。

④晶体管型的输出接口电路有较高的接通、断开频率,但只适用于直流驱动的场合。

⑤双向晶闸管输出型的输出接口电路仅适用于交流驱动场合。

2) 模拟量输入/输出接口

(1) 模拟量输入接口。

模拟量输入接口的任务是把现场连续变化的模拟量标准信号转换成适合 PLC 内部处理的由若干位二进制数字表示的信号。

（2）模拟量输出接口。

模拟量输出接口的任务是将 PLC 运算处理后的若干位数字量信号转换为相应的模拟量信号输出。模拟量输出接口电路一般由光电隔离、D/A 转换和信号驱动等环节组成。

### 3. 电源单元

PLC 的电源分成两大类：外部工作电源和内部开关电源。PLC 的外部工作电源一般使用 220 V 的交流电源或 24 V 直流电源。PLC 的内部开关电源为 PLC 的中央处理器、存储器等电路提供的 5 V、±12 V、24 V 等直流电源。

### 4. 外部设备及接口

PLC 的外部设备主要包括编程器、盒式磁带机、打印机、EPROM 写入器等。因为编程器的功能简单和操作不便，现在大多数的 PLC 生产厂家已经不再提供编程器，取而代之的是能在 PC 上运行的基于 Windows 的编程软件。使用编程软件不仅可以编辑和下载用户程序，还可实现实时监控，功能非常强大。

为了便于 PLC 的功能扩展，系统还设置了 I/O 扩展单元接口，通过数据线可与 I/O 扩展单元模块相连接。除此之外，为了实现"人—机"或"机—机"之间的对话，大部分 PLC 都配有通信接口，通过通信接口可与显示设定单元、触摸屏、打印机相连，提供方便的人机交换途径；也可与其他 PLC、计算机及现场网络总线相连，组成多机系统或工业网络系统。

## ◀ 任务二　认识 PLC 工作原理 ▶

## ■ 任务提出

PLC 的工作方式有何特点？它的整个工作过程分为哪几个阶段？每个阶段完成哪些任务？

## ■ 相关知识

PLC 是一种专用的工业控制计算机，其工作原理是建立在计算机控制系统工作原理基础上的，为了可靠地应用在工业环境下，并便于现场电气技术人员的使用和维护，它设有大量的接口器件、特定的监控软件和专用的编程器件。

## 一、PLC 的工作原理

PLC 用户程序的执行采用循环扫描工作方式。它有两种基本的工作模式：运行（RUN）模式和停止（STOP）模式，如图 1-10 所示。

### 1. 停止模式

在停止模式下，PLC 只进行内部处理和通信服务工作。在内部处理阶段，PLC 检查 CPU 模块内部的硬件是否正常，进行监控定时器复位等工作。在通信服务阶段，PLC 与其

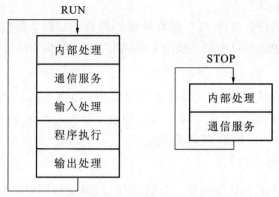

图 1-10　PLC 基本的工作模式

他的带 CPU 的智能装置通信。

### 2. 运行模式

在运行模式下,PLC 要完成输入采样、程序执行和输出刷新等三个阶段的工作,如图 1-11 所示。

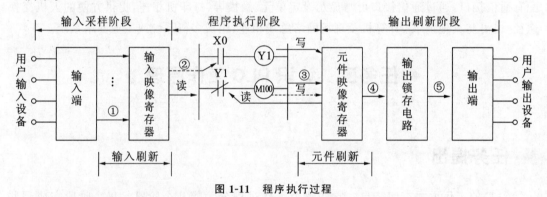

图 1-11　程序执行过程

1) 输入采样阶段

这是第一个集中批处理阶段。在这个阶段,PLC 按顺序逐个采集所有输入端子上的信号,无论端子上是否接线,CPU 顺序读取全部输入端子,将所有采集到的信号写到输入映像寄存器中,此时输入映像寄存器被刷新。输入采样阶段结束后,在当前扫描周期内,输入映像寄存器中的内容不变。

2) 程序执行阶段

本阶段 PLC 对用户程序按从左到右、自上而下的顺序进行扫描,逐个采集所有输入端子上的信号,每扫描一条指令,所需要的信息从输入映像寄存器中去读取。每一次运算结果,都立即写入元件映像寄存器中,以备后面扫描时所利用。对输出继电器的扫描结果,不是马上去驱动外部负载,而是将结果写入元件映像寄存器中的输出映像寄存器中,待输出刷新阶段集中进行批处理。

3) 输出刷新阶段

CPU 对全部用户程序扫描结束后,将元件映像寄存器中的各输出继电器状态同时送到输出锁存器中,再由输出锁存器经输出端子去驱动各输出继电器所带的负载。在下一个输出刷新阶段开始之前,输出锁存器的状态不会改变。

输出刷新阶段结束后,CPU 将自动进入下一个扫描周期。

## 二、PLC 对输入/输出的处理规则

由 PLC 的工作特点可知,PLC 对输入/输出的处理规则如下。

(1) 输入映像寄存器中的数据是在输入采样阶段扫描到的输入信号的状态,本扫描周期内,这些数据不随外部信号的变化而变化。

(2) 输出映像寄存器中的数据由程序中的输出指令的执行结果决定。

(3) 输出端子上的输出状态由输出锁存器中的数据确定。

## 三、PLC 控制系统与继电器控制系统的区别

### 1. 继电器控制系统

在传统的继电器和电子逻辑控制系统中,完成控制任务的逻辑控制部分是将继电器、接触器、电子元件等用导线连接起来的。这种控制系统称为接线程序控制系统,逻辑程序就在导线连接中,所以也称为接线程序。如图 1-12 所示,在继电器控制系统中,控制功能的更改必须通过改变导线的连接才能实现。

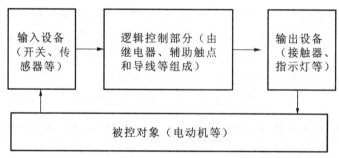

图 1-12　继电器控制系统

### 2. 存储程序控制系统

所谓存储程序控制,就是将控制逻辑以程序语言的形式存放在存储器中,通过执行存储器中的程序实现系统的控制要求。如图 1-13 所示,在存储程序控制系统中,控制功能的更改只需改变程序而不必改变导线的连接就能实现。可编程控制系统就是存储程序控制系统,它由输入设备、可编程控制器内部控制电路和输出设备三部分组成。

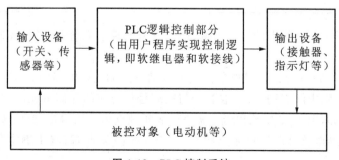

图 1-13　PLC 控制系统

### 3. PLC 控制系统与继电器控制系统的联系与区别

PLC 控制系统的输入、输出设备与继电器控制系统的输入、输出设备相同,所不同的是逻辑控制部分。

继电器的逻辑控制采用硬接线逻辑,利用继电器机械触点的串联或并联,其接线多而复杂,功能有限。PLC 的软件由系统程序和用户程序组成。

系统程序由 PLC 制造厂商设计编写,并存入 PLC 的系统存储器中,用户不能直接读写与更改。系统程序相当于 PLC 的操作系统,主要功能是时序管理、存储空间分配、系统自检和用户程序编译等。

用户程序是用户根据控制要求,按系统程序允许的编程规则,用厂家提供的编程语言编写的程序。PLC 编程语言是多种多样的,对于不同生产厂家、不同系列的 PLC 产品采用的编程语言的表达方式也不相同,但基本上可归纳为两种类型:一是采用字符表达方式的编程语言,如指令表等;二是采用图形符号表达方式的编程语言,如梯形图等。

1994 年 5 月,国际电工委员会(IEC)公布了 PLC 常用的 5 种语言:梯形图、指令表、顺序功能图、功能块图及高级语言。其中,使用最多的编程语言是梯形图、指令表、顺序功能图三种。

梯形图编程语言是目前使用最多的 PLC 编程语言。梯形图是在继电器-接触器控制系统(即继电器控制系统)的基础上发展而来的,它是借助类似于继电器的常开触点、常闭触点、线圈及串联、并联等术语和符号,根据控制要求连接而成的表示 PLC 输入/输出之间逻辑关系的图形,在简化的同时还增加了许多功能强大、使用灵活的基本指令和功能指令,同时结合计算机的特点,使编程更加容易,但实现的功能却大大超过传统继电器控制系统。表1-1 给出了继电器-接触器系统中低压继电器符号和 PLC 软继电器符号对照关系。

**表 1-1 继电器-接触器系统中低压继电器符号和 PLC 软继电器符号对照表**

| 序 号 | 名 称 | 低压继电器符号 | PLC 软继电器符号 |
|---|---|---|---|
| 1 | 常开触点 | | |
| 2 | 常闭触点 | | |
| 3 | 线圈 | | |

这里以三相异步电动机点动运行为例,说明继电器控制系统与 PLC 控制系统的区别与联系。

(1) 图 1-14、图 1-15 分别是继电器控制的电动机点动运行电路和 PLC 控制的电动机点动运行电路。梯形图中触点的状态,取决于与其编号相对应的存储单元的状态(即软继电器线圈的状态)。例如,图 1-15 中输出继电器 Y0 常开触点由输出继电器 Y0 线圈决定,当 Y0 线圈得电时,输出继电器 Y0 常开触点闭合;当 Y0 线圈失电时,输出继电器 Y0 常开触点断开。

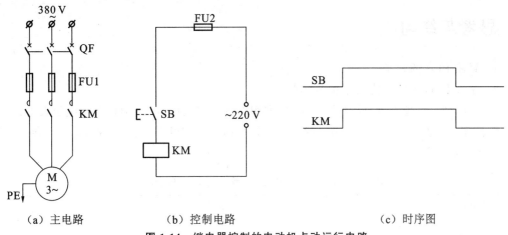

（a）主电路　　　　　（b）控制电路　　　　　（c）时序图

**图1-14　继电器控制的电动机点动运行电路**

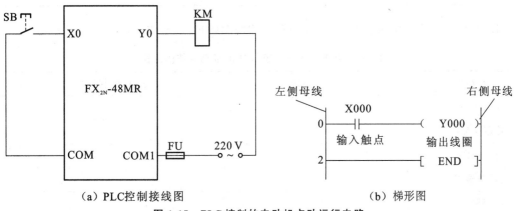

（a）PLC控制接线图　　　　　　　　（b）梯形图

**图1-15　PLC控制的电动机点动运行电路**

（2）梯形图中左侧的母线为逻辑左母线，右侧的母线为逻辑右母线。分析程序时，可借用继电器控制电路的思想，假想"电流"自左向右流动（实质为PLC的扫描顺序）。

（3）输入继电器线圈的状态是由输入设备驱动的，与程序运行没有关系，所以梯形图程序中不能出现输入继电器线圈。

（4）梯形图中继电器的触点可以无限次使用，但同一编号的继电器线圈一般只能使用一次。

（5）图1-14所示的继电器控制线路图，常开触点SB处于接通状态时（按下SB），SB常开触点闭合，KM线圈得电，电动机运行，松开按钮SB，SB常开触点断开，KM线圈失电，电动机停转；图1-15所示的PLC控制接线图与梯形图程序，SB常开触点处于接通状态时（按下SB），与之相连的输入继电器X0线圈得电（图中未画出），梯形图程序输入继电器X0常开触点闭合，输出继电器Y0线圈得电，驱动与之相连的输出设备接触器KM线圈保持得电，电动机运行，松开SB，与之相连的输入继电器X0线圈失电，梯形图程序输入继电器X0常开触点断开，输出继电器Y0线圈失电，与之相连的输出设备接触器KM线圈失电，电动机停转。

## 思考与练习

1. 简述 PLC 的定义。
2. 评价 PLC 主要性能的指标有哪些？
3. 下面列举一些 PLC 控制系统与 PC 常用的输入输出设备，分别将其对应至表 1-2 中。
①按钮；②键盘；③打印机；④接触器；⑤指示灯；⑥行程开关；⑦鼠标器；⑧显示屏；⑨传感器；⑩摄像机；⑪音响；⑫扫描仪。

表 1-2　PLC 控制系统与 PC 输入输出设备的比较

| 比较项目 | PC | PLC |
|---|---|---|
| 输入设备 | | |
| 输出设备 | | |

4. 比较继电器控制系统与 PLC 控制系统的性能区别，填写表 1-3。

表 1-3　继电器控制系统与 PLC 控制系统的比较

| 比较项目 | 继电器控制系统 | PLC 控制系统 |
|---|---|---|
| 控制逻辑 | | |
| 控制速度 | | |
| 定时控制 | | |
| 设计与施工 | | |
| 价格 | | |

# ◀ 任务三　PLC 控制三相异步电动机连续运行 ▶

## 任务提出

　　PLC 控制系统是由继电器控制系统发展而来的。本次任务是在认识 PLC 的硬件组成、控制系统等基本知识的基础上，设计一个简单的由 PLC 控制异步电动机连续运行的控制电路，并完成 PLC 控制系统的安装与调试，从而进一步认识 PLC 的功能特点。

　　图 1-16 所示为三相异步电动机连续运行电路，SB1 为启动按钮，SB2 为停止按钮，KM 为交流接触器，按下启动按钮 SB1，KM 的线圈通电吸合，KM 辅助常开触点闭合形成自锁，KM 主触点闭合，电动机 M 开始运行；按下停止按钮 SB2，KM 的线圈断电释放，KM 辅助常开触点断开，KM 主触点断开，电动机 M 停止运行。本任务研究利用 PLC 来实现其控制功能。

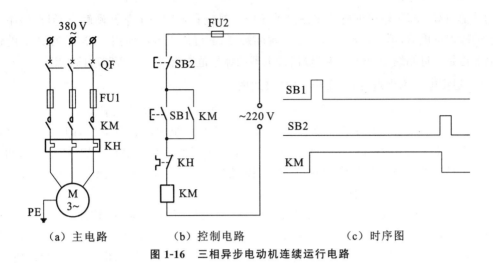

（a）主电路　　　　　　　（b）控制电路　　　　　　　（c）时序图

图 1-16　三相异步电动机连续运行电路

## 任务分析

**1. 根据控制要求,进行 PLC 控制系统的输入输出分配**

PLC 实现控制三相异步电动机连续运行,只需要将继电器控制的电动机连续运行电路中的控制电路进行改造,主电路保持不变。为了实现图 1-16(b)的控制电路,PLC 需要 3 个输入点、1 个输出点。输入输出点分配如表 1-4 所示。

表 1-4　输入输出点分配表

| 输　　入 | | | 输　　出 | | |
|---|---|---|---|---|---|
| 输入继电器 | 输入元件 | 作用 | 输出继电器 | 输出元件 | 作用 |
| X0 | SB1 | 启动按钮 | Y0 | KM | 运行用交流接触器 |
| X1 | SB2 | 停止按钮 | | | |
| X2 | KH | 过载保护 | | | |

说明:不同厂家、不同系列的 PLC,其内部软继电器(编程元件)的功能和编号也不相同。FX 系列 PLC 编程元件的编号由字母和数字组成,其中输入继电器和输出继电器采用八进制数字编号,其他均采用十进制数字编号。

1)输入继电器(X)

输入继电器与输入端相连,它是专门用来接收 PLC 外部开关信号的元件。PLC 通过输入接口将外部输入信号状态(接通时为"1",断开时为"0")读入并存储在输入映像寄存器中。输入继电器必须由外部信号驱动,不能用程序驱动,所以在程序中不可能出现其线圈。由于输入继电器为输入映像寄存器中的状态,所以其触点的使用次数不限。FX 系列 PLC 的输入继电器以八进制进行编号,$FX_{2N}$ 输入继电器的编号范围为 X000～X267(184 点)。

2)输出继电器(Y)

输出继电器是用来将 PLC 内部信号输出传送给外部负载(用户输出设备)。输出继电器线圈由 PLC 内部程序的指令驱动,其线圈状态传送给输出单元,再由输出单元对应的硬触点来驱动外部负载。每个输出继电器在输出单元中都对应有唯一一个常开硬触点,但在程序中供编程的输出继电器,不管是常开触点还是常闭触点,都可以无数次使用。FX 系列 PLC 的输出继电器也是八进制编号,其中 FX$_{2N}$输出继电器的编号范围为 Y000～Y267(184 点)。

**2. 根据输入输出点分配,画出 PLC 接线图**

接线不同时,设计出的梯形图也是不同的。这里用三种方案实现任务。

(1) PLC 控制系统中的触点类型沿用继电器控制系统中的触点类型,即 SB1 启动按钮在继电器控制系统中使用常开触点,PLC 控制系统中仍使用常开触点;SB2 停止按钮和 KH 过载保护热继电器原来使用常闭触点,PLC 控制系统中仍使用常闭触点。图 1-17(a)所示为 PLC 的接线图,由此设计的梯形图如图 1-17(b)所示。当 SB2、KH 不动作时,X001、X002 接通,X001、X002 常开触点闭合,为启动做好准备,只要按下 SB1,X000 接通,X000 的常开触点闭合,Y000 线圈得电,使 Y000 外接的 KM 线圈吸合,KM 主触点闭合,主电路接通,电动机 M 运行。梯形图中 Y000 的常开触点接通,使得 Y000 线圈的输出保持,维持电动机 M 的连续运行,直到按下 SB2,此时 X001 不通,常开触点 X001 断开,Y000 线圈失电,Y000 外接的 KM 线圈释放,KM 主触点断开,主电路断电,电动机 M 停转。

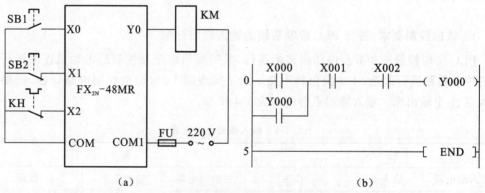

**图 1-17 PLC 实现三相异步电动机连续运行电路方案一**

(2) PLC 控制系统中的所有输入触点类型全部采用常开触点,即 SB1 启动按钮、SB2 停止按钮和 KH 过载保护热继电器全部接入常开触点。图 1-18(a)所示为 PLC 的接线图,由此设计的梯形图如图 1-18(b)所示。当 SB2、KH 不动作时,X001、X002 不通,X001、X002 常闭触点闭合,为启动做好准备,只要按下 SB1,X000 接通,X000 的常开触点闭合,Y000 线圈

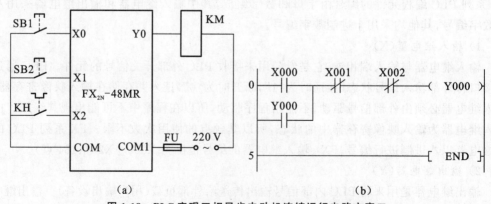

**图 1-18 PLC 实现三相异步电动机连续运行电路方案二**

得电,使 Y000 外接的 KM 线圈吸合,KM 主触点闭合,主电路接通,电动机 M 运行。梯形图中 Y000 的常开触点接通,使得 Y000 线圈的输出保持,维持电动机 M 的连续运行,直到按下 SB2,此时 X001 接通,闭触点 X001 断开,Y000 线圈失电,Y000 外接的 KM 线圈释放,KM 主触点断开,主电路断电,电动机 M 停转。

(3) 有时为了节省 PLC 的输入点,将过载保护的常闭触点接在输出端,输入输出点分配表如表 1-5 所示。

表 1-5　方案三的输入输出点分配表

| 输　　入 | | | 输　　出 | | |
|---|---|---|---|---|---|
| 输入继电器 | 输入元件 | 作用 | 输出继电器 | 输出元件 | 作用 |
| X0 | SB1 | 启动按钮 | Y0 | KM | 运行用交流接触器 |
| X1 | SB2 | 停止按钮 | | | |

PLC 控制电路如图 1-19(a)所示,此时的过载保护不受 PLC 控制,保护方式与继电器控制系统的相同,图 1-20(b)所示与前面相同,用"启-保-停"电路实现,原理请自行分析。

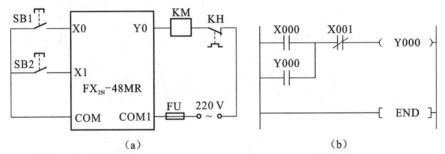

图 1-19　PLC 实现三相异步电动机连续运行电路方案三

比较上述方案发现,将 SB1(启动按钮)、SB2(停止按钮)和 KH(过载保护)的常开触点接到 PLC 的输入端,如图 1-18(a)所示,梯形图中的触点类型与继电器控制系统的完全一致(比较图 1-17(b)和图 1-18(b)),使得梯形图很容易理解。如果使用常闭触点(见图 1-17(a)),那么梯形图中对应触点的常开/常闭类型与继电器控制系统的相反(比较图 1-17(b)和图 1-18(b)),容易造成理解困难。所以,除非输入信号只能由常闭触点提供,否则应尽量使用常开触点。

图 1-17(b)、图 1-18(b)、图 1-19(b)中起自保作用的常开触点 Y000 与输入继电器的触点一样,也是软元件,可以无限次使用,实际上 PLC 中的编程元件都有这样的功能,以后不再赘述。

## ▉ 任务实施

本次任务采用的是 PLC 实现三相异步电动机连续运行电路方案二。

### 1. FX₂ₙ系列 PLC 的外观及特征

$FX_{2N}$ 系列 PLC 的外观如图 1-20 所示。

1）外部端子部分

外部端子包括 PLC 电源端子(L、N)、直流 24 V 电源端子(24＋、COM)、输入端子(X)、输出端子(Y)等。其主要完成电源、输入信号和输出信号的连接。其中 24＋、COM 是 PLC 为输入回路提供的直流 24 V 电源，为了减少接线，其正极在 PLC 内已经与输入回路连接，当某输入点需要加入输入信号时，只需将 COM 通过输入设备接至对应的输入点，一旦 COM 端与对应点接通，该点就为"ON"，此时对应输入指示灯就点亮。

2）指示部分

指示部分包括各 I/O 点的状态指示、PLC 电源(POWER)指示、PLC 运行(RUN)指示、用户程序存储器后备电池(BATT. V)状态指示及程序出错(PROG-E)、CPU 出错(CPU-E)指示，用于反映 I/O 点 PLC 的状态。

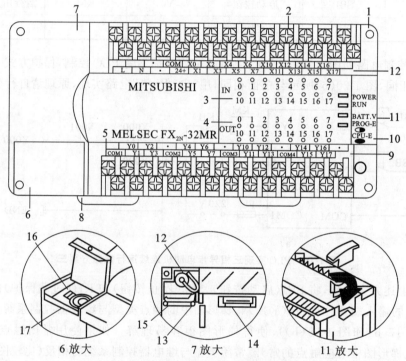

图 1-20　FX$_{2N}$ 系列 PLC 外观示意图

1—安装孔 4 个；2—电源、辅助电源、输入用的可装卸式端子；3—输入动作指示灯；4—输出动作指示灯；5—输出用的可装卸式端子；6—外围设备接线插座、盖板；7—面板盖；8—DIN 导轨装卸用卡子；9—I/O 端子标记；10—动作指示灯（POWER 为电源指示灯，RUN 为运行指示灯，BATT. V 为电池电压下降指示灯，PROG-E 为指示灯闪烁时表示程序出错，CPU-E 为指示灯亮时表示 CPU 出错）；11—扩展单元、扩展模块、特殊单元、特殊模块的接线插座盖板；12—锂电池；13—锂电池连接插座；14—另选存储器滤波器安装插座；15—功能扩展板安装插座；16—内置 RUN/STOP 开关；17—编程设备、数据存储单元接线插座

3）接口部分

接口部分主要包括编程器、扩展单元、扩展模块、特殊功能模块及存储卡盒等外部设备的接口，其作用是完成基本单元同外部设备的连接。在编程器接口旁边，还设置了一个 PLC 运行模式转换开关 SW1，它有 RUN 和 STOP 两种运行模式，RUN 模式能使 PLC 处于运行状态(RUN 指示灯亮)，STOP 模式能使 PLC 处于停止状态(RUN 指示灯灭)，此时，PLC 可运行用户程序的录入、编辑和修改。

**2. FX<sub>2N</sub>系列PLC与计算机的连接**

1）PLC通信端口的选择

在FX系列可编程控制器的面板上有多个通信端口,如与手持编程器通信的端口、与特殊功能模块通信的端口、与计算机通信的端口等。其中,与计算机通信的端口如图1-21所示,只有选择这个端口才能实现与计算机之间的通信。

2）计算机通信端口的选择

在计算机的后面板上也有很多端口,如视频输出端口、音频输出端口、USB端口等。可用于与FX系列可编程控制器通信的有RS-232C端口(见图1-22)、USB端口。图1-23所示为通信电缆连接PLC与计算机的实物图。

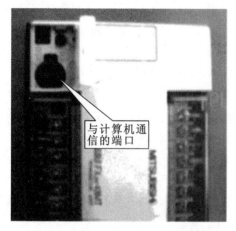

图1-21　PLC侧的通信端口RS-422

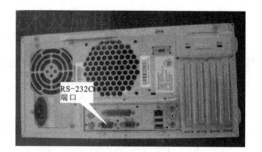

图1-22　计算机侧的通信端口RS-232C

图1-23　PLC与计算机连接的实物图

3）系统设置

连接计算机和PLC后,启动计算机,接通PLC电源,运行GX Developer(GX Developer编程软件的安装本书不进行说明),先进行必要的系统设置,计算机和PLC之间才能通信。

功能:选择计算机的RS-232C端口与PLC相连。

操作方法:执行PLC的"端口设置"菜单,在"端口设置"对话框中进行设置,如图1-24

所示。

**3. 控制系统的连接**

说明：根据实训室现有设备条件，如果没有相应的
外部设备，采用模拟调试，可以只在 PLC 的输入继电器
（如 X000、X001、X002）接常开按钮，输出继电器驱动的
外部设备可以用发光二极管、指示灯等器件代替，主电
路不接。调试程序时，通过观察 PLC 面板上的 LED 来
确定输出状态。以 Y000 为例，若面板上代表 Y000 的
LED 亮，表明 Y000 为 1，Y000 外接的输出器件或设备
动作。其他的任务实施时也同样处理，以后不再说明。

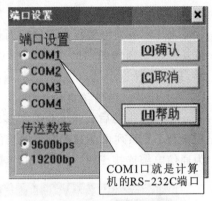

图 1-24  "端口设置"对话框

（1）按照图 1-16（a）所示接线图连接主电路，检查
线路的正确性，确保无误。

（2）按照图 1-18（a）所示接线图连接 PLC 控制电路，检查线路的正确性，确保无误。

**4. 梯形图程序的编辑与程序的调试**

创建梯形图的方法有：通过键盘输入指令代号（助记符）的方式创建；通过工具栏的工具
按钮创建；通过功能键创建等。这里介绍通过工具栏的工具按钮编辑梯形图程序。

步骤如下。

（1）双击 [图标] 图标，启动 GX Developer 软件，进入图 1-25 所示界面。单击"新建"快

捷按钮 [图标]，选择所使用的 PLC 系列为"FXCPU"，PLC 类型为"FX2N(C)"，程序类型为"梯
形图"，设置工程名及路径，如图 1-26 所示。

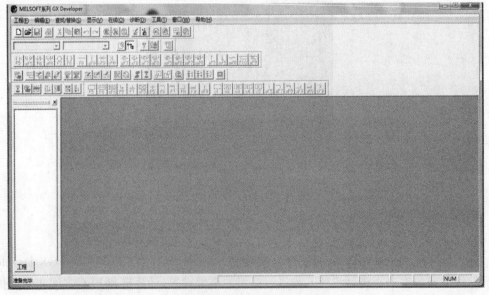

图 1-25  GX Developer 软件界面

图 1-26 "创建新工程"对话框

（2）在"梯形图"显示窗口（见图 1-27）中，将光标定位于左上角，选择功能图上的各种元件 ，开始自左向右、由上而下地编制梯形图程序，如图 1-28 和图 1-29 所示。

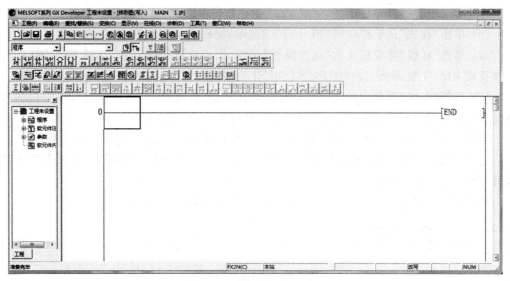

图 1-27 "梯形图"显示窗口

图 1-28 "梯形图输入"对话框

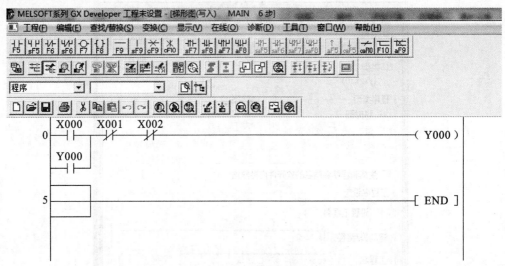

图 1-29    编制梯形图

（3）程序编辑完毕后，单击"变换"菜单栏中的"变换"菜单，对编制好的程序进行转换；若想查看与梯形图相对应的指令表，可在"显示"菜单中选择"列表显示"，或选择单击 ![icon]，则可看到显示在指令表视图中的对应指令。

（4）单击"在线"菜单栏中的"远程操作"菜单，出现远程操作界面，选择 PLC"STOP"，或直接拨动 PLC 主机面板上的"RUN/STOP"开关到"STOP"状态，使 PLC 处于停止运行状态。

（5）单击"在线"菜单栏中的"清除 PLC 内存"，将 PLC 存储器清空。

（6）单击"在线"菜单栏中的"PLC 写入"菜单，将程序下载到 PLC 中。

（7）单击"在线"菜单栏中的"远程操作"菜单，出现远程操作界面，选择 PLC"RUN"，或直接拨动 PLC 主机面板上的"RUN/STOP"开关到"RUN"状态，使 PLC 处于运行状态。

（8）选择"在线"菜单中的"监视"，单击"监视开始（全画面）"，PLC 软件可以监控到外部各元器件的动作过程。监控 PLC 各触点的动作过程，必须遵循以下几点。

①监控时，需要 PLC 的数据线将 PLC 与计算机连接在一起，不能把数据线断开。

②在监控过程中，不能对程序进行修改，只能观察各元件的动作情况（如触点的闭合和断开，线圈的得电和失电）。

现在监控的是电动机启停控制的动作情况，程序如图 1-30 所示。

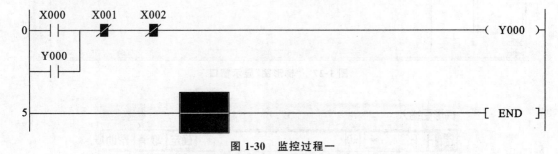

图 1-30    监控过程一

当 X000 所接的外部设备的状态由 OFF 变为 ON（按下启动按钮 SB1）时，X000 常开触点的状态由 OFF 变为 ON,输出继电器 Y000 线圈得电,其效果图如图 1-31 所示。

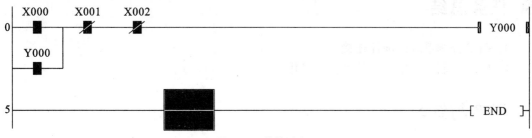

图 1-31　监控过程二

X000 常开触点的状态由 ON 变为 OFF(松开启动按钮 SB1)时,其效果图如图 1-32 所示。

图 1-32　监控过程三

当 X001 所接的外部设备的状态由 OFF 变为 ON(按下停止按钮 SB2)时,X001 常闭触点断开,输出继电器 Y000 线圈失电,其效果图如图 1-33 所示。松开停止按钮 SB2,X001 常闭触点恢复闭合,其效果图如图 1-34 所示。

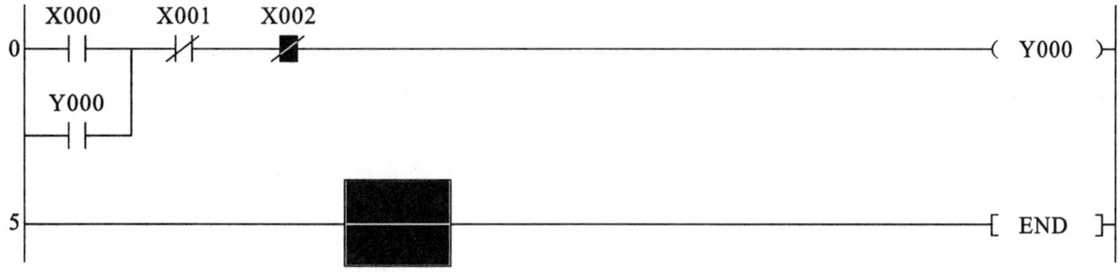

图 1-33　监控过程四

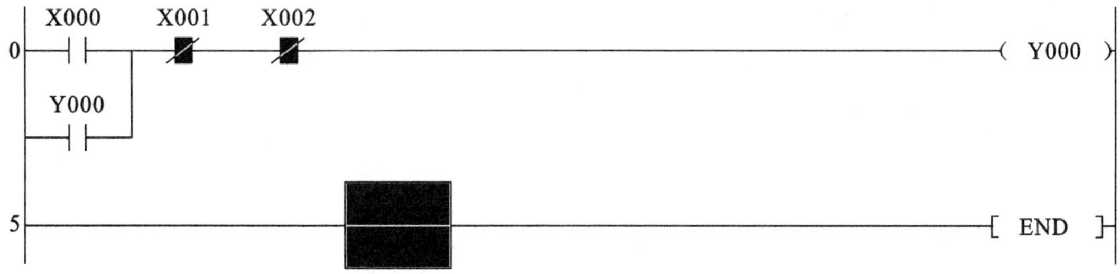

图 1-34　监控过程五

因此,通过监控可以判断 PLC 程序的正确性以及发生错误时程序所处的具体位置。

需要停止监控时,单击"在线"菜单中的"监视",单击"监视停止(全画面)",即可使所用程序退出监控状态。

## ■ 任务总结

1. PLC 控制系统的硬件连接。
2. PLC 控制系统编程软件的基本操作。

## ■ 思考与练习

1. 画出图 1-19(b)中 X000、X001、Y000 的时序图。

2. 按下按钮 SB1,指示灯 L1 长亮,按下按钮 SB2,指示灯 L2 长亮,按下按钮 SB3,指示灯 L1、L2 长灭,请用可编程控制器实现其控制功能。

3. 按下按钮 SB1 或按钮 SB2,指示灯 L1 长亮,按下按钮 SB3 或按钮 SB4,指示灯 L1 长灭,请用可编程控制器实现其控制功能。

# 课题二
## PLC 基本指令的应用

**知识目标**

通过学习,你需要

1. 掌握基本逻辑指令;

2. 掌握编程元件(定时器、计数器)的相关知识;

3. 了解积算定时器、加/减计数器的含义;

4. 了解软元件(输入继电器、输出继电器)常开、常闭触点的使用;

5. 了解编程元件(定时器、计数器)常开、常闭触点的使用;

6. 掌握编程元件(辅助继电器)的相关知识,了解双线圈的含义。

**技能目标**

通过操作,你能够

1. 实现时序图与梯形图的相互转换;

2. 用指令语言编辑梯形图程序;

3. 根据 PLC 接线图,正确完成 PLC 与外部设备、电源的连接;

4. 用基本逻辑指令和编程元件编写梯形图,应用于电动机的正反转运行、电动机降压启动、电动机顺序控制、灯光延时控制、灯光闪烁控制等;

5. 实现程序的模拟调试。

# ◀ 任务一　三相异步电动机正反转运行 ▶

## ■ 任务提出

三相异步电动机正反转控制电路如图 2-1 所示。

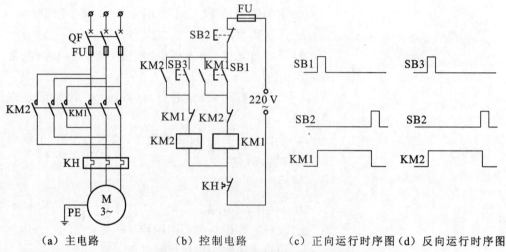

（a）主电路　　　　（b）控制电路　　　（c）正向运行时序图（d）反向运行时序图

图 2-1　三相异步电动机正反转控制电路

其工作原理如下：当按下正向启动按钮 SB1 时，KM1 线圈通电吸合，KM1 主触点闭合，电动机开始正向运行，同时 KM1 的辅助常开触点闭合使 KM1 线圈保持吸合，实现了电动机的正向连续运行直到按下停止按钮 SB2；反之，当按下反向启动按钮 SB3 时，KM2 线圈通电吸合，KM2 主触点闭合，电动机开始反向运行，同时 KM2 的辅助常开触点闭合使 KM2 线圈保持吸合，实现了电动机的反向连续运行直到按下停止按钮 SB2。KM1、KM2 线圈互锁确保不同时通电。

本任务研究用 PLC 来实现三相异步电动机正反转控制，并进行安装调试。

## ■ 任务分析

为了将图 2-1(b)的控制电路用 PLC 控制器来实现，PLC 需要 4 个输入点、2 个输出点，输入输出点分配如表 2-1 所示。

根据输入输出点分配表，画出 PLC 的接线图，如图 2-2(a)所示，PLC 控制系统中的所有输入触点类型全部采用常开触点，梯形图的设计可以采取一一对应的方式将继电器控制电路触点与线圈在对应的位置用 PLC 的软继电器的触点和线圈替代，电源用左右母线替代，按顺序进行连接。例如，按钮 SB2 的常闭触点就用 X001 的常闭触点代替，由此设计的梯形图如图 2-2(b)所示。

表 2-1　输入输出点分配表

| 输　　入 | | | 输　　出 | | |
| --- | --- | --- | --- | --- | --- |
| 输入继电器 | 输入元件 | 作用 | 输出继电器 | 输出元件 | 作用 |
| X0 | SB1 | 正向启动按钮 | Y0 | KM1 | 正向运行用交流接触器 |
| X1 | SB2 | 停止按钮 | Y1 | KM2 | 反向运行用交流接触器 |
| X2 | SB3 | 反向启动按钮 | | | |
| X3 | KH | 过载保护 | | | |

图 2-2(b)所示是按照继电器控制电路中的连接顺序画出的梯形图,表面上分析逻辑功能是相同的,但使用工具栏的工具按钮编辑梯形图后,该梯形图无法进行变换,因为梯形图规定,触点应位于线圈的左边,线圈连接到梯形图的右母线上,所以 X003 的触点要移到前面,如图 2-2(c)所示。

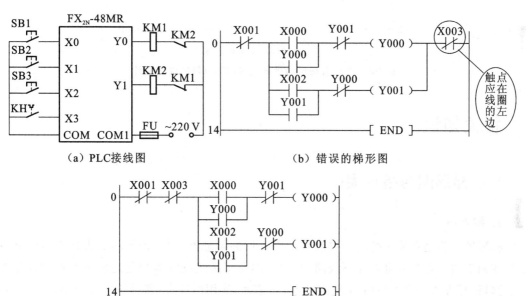

（a）PLC接线图　　　　　　　（b）错误的梯形图

（c）正确的梯形图

图 2-2　PLC实现三相异步电动机正反转控制电路

设计梯形图时,除了按照继电器控制电路适当调整触点顺序画出梯形图外,还可以对梯形图进行优化,方法是分离交织在一起的逻辑电路。因为在继电器电路中,为了减少器件,少用触点,从而节约成本,各个线圈的控制电路相互关联,交织在一起,而梯形图中的触点都是软元件,无限次使用也不会增加硬件成本,所以,可以将各线圈的控制电路分离开来,如图 2-3(a)所示的就是分离图 2-1(b)所示控制电路的结果,图 2-3(b)所示是由此设计出的梯形图。将图 2-2(c)和图 2-3(b)进行比较,可发现图 2-3(b)所示的逻辑思路更清晰,所用的指令类型更少。

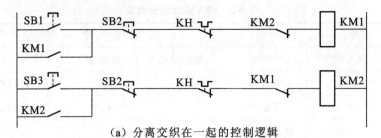

(a) 分离交织在一起的控制逻辑

（b）优化后的梯形图

图 2-3　PLC 实现电动机正反转运行电路的优化设计

## 相关知识

### 一、梯形图与指令表

**1. 梯形图**

梯形图语言是在传统继电器控制系统中常用的接触器、继电器等图形表达符号的基础上演变而来的。它与继电器控制线路图相似，继承了传统继电器控制逻辑中使用的框架结构、逻辑运算方式和输入输出形式，具有形象、直观、实用的特点，课题一中已介绍，这里不再赘述。

**2. 指令表**

指令表也称为语句表，是程序的一种表示方法。它和计算机中的汇编语言有些类似，由语句表指令根据一定的顺序排列而成。指令程序和梯形图程序有严格的对应关系。对指令表不熟的可以先画出梯形图，再转换成指令表。有些简单的手持式编程设备只支持指令表编程，所以把梯形图转换为指令表是 PLC 使用人员应掌握的技能。虽然各个 PLC 生产厂家的语句表形式不尽相同，但基本功能相差无几。语句是指令表程序的基本单位，每个语句由地址（步序号）、操作码（指令）和操作数（数据）三部分组成。以下是点动控制电路的指令表。

| 步序号 | 指令 | 数据 |
|---|---|---|
| 0 | LD | X0 |
| 1 | OUT | Y0 |
| 2 | END | |

## 二、基本逻辑指令

### 1. 取、取反和输出指令

LD（取指令） 一个常开触点与左母线连接的指令，每一个以常开触点开始的逻辑行都用此指令。

LDI（取反指令） 一个常闭触点与左母线连接的指令，每一个以常闭触点开始的逻辑行都用此指令。

LDP（取上升沿指令） 与左母线连接的常开触点的上升沿检测指令，仅在指定位元件的上升沿（由 OFF→ON）时接通一个扫描周期。

LDF（取下降沿指令） 与左母线连接的常闭触点的下降沿检测指令。

OUT（输出指令） 对线圈进行驱动的指令。

### 2. 触点串联指令、触点并联指令

1）触点串联指令

AND（与指令） 单个常开触点串联连接指令，完成逻辑"与"运算。

ANI（与非指令） 单个常闭触点串联连接指令，完成逻辑"与非"运算。

ANDP（上升沿与指令） 上升沿检测串联连接指令，触点的中间用一个向上的箭头表示上升沿，受该类触点驱动的线圈只在触点的上升沿接通一个扫描周期，如图 2-4 所示。

ANDF（下降沿与指令） 下降沿检测串联连接指令，触点的中间用一个向下的箭头表示下降沿，受该类触点驱动的线圈只在触点的下降沿接通一个扫描周期，如图 2-5 所示。

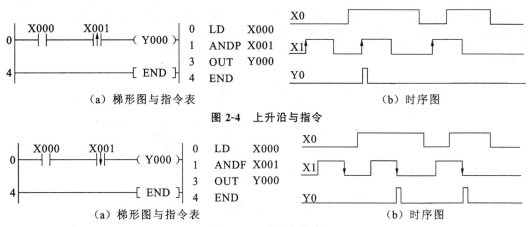

（a）梯形图与指令表　　　　　　　（b）时序图

图 2-4　上升沿与指令

（a）梯形图与指令表　　　　　　　（b）时序图

图 2-5　下降沿与指令

2）触点并联指令

OR（或指令） 单个常开触点并联连接指令，实现逻辑"或"运算。

ORI（或非指令） 单个常闭触点并联连接指令，实现逻辑"或非"运算。

ORP（上升沿或指令） 上升沿检测并联连接指令，触点的中间用一个向上的箭头表示上升沿，受该类触点驱动的线圈只在触点的上升沿接通一个扫描周期。

ORF（下降沿或指令） 下降沿检测并联连接指令，触点的中间用一个向下的箭头表示下降沿，受该类触点驱动的线圈只在触点的下降沿接通一个扫描周期，如图 2-6 所示。

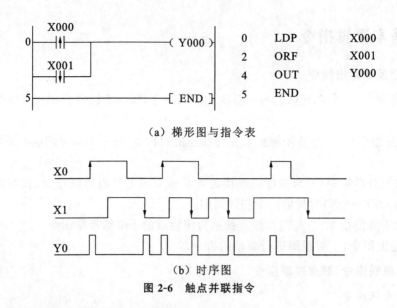

（a）梯形图与指令表

（b）时序图

图 2-6 触点并联指令

**3. 自保持与解除（也称置位与复位）指令**

1）SET 自保持（置位）指令

指令使被操作的目标元件置位并保持。

2）RST 解除（复位）指令

指令使被操作的目标元件复位并保持清零状态。RST 具有优先级。

SET、RST 指令的使用如图 2-7 所示。当 X010 常开触点接通时，Y010 变为 ON 状态并一直保持该状态，即使 X010 常开触点断开，Y010 的 ON 状态仍维持不变；只有当 X011 的常开触点接通时，Y010 才变为 OFF 状态并保持，即使 X011 常开触点断开，Y010 也仍为 OFF 状态。

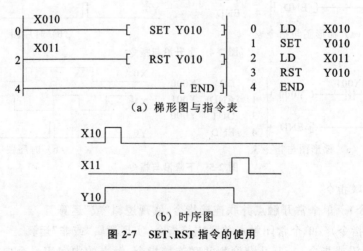

（a）梯形图与指令表

（b）时序图

图 2-7 SET、RST 指令的使用

## ■ 任务实施

1. 按照图 2-1（a）所示接线图连接主电路，检查线路的正确性，确保无误。

2. 按照图 2-2(a) 所示接线图连接 PLC 控制电路, 检查线路的正确性, 确保无误。

3. 将图 2-3(b) 所示的梯形图改写成指令表, 并输入语句表程序, 进行程序调试, 检查是否实现了正反转运行的功能。

4. 图 2-3(b) 所示的梯形图中的触点都是电平触发的, 它们可以改为边沿触发的吗? 试修改, 并进行调试。

## 任务总结

1. 通过本任务内容的学习, 总结利用可编程控制器实现三相异步电动机正反转运行控制要求的实施步骤。

2. 完成 PLC 接线时如何检查其正确性。

3. 输入继电器触点与外接输入元器件的关系, 输出继电器线圈与外接输出设备的关系。

4. 基本逻辑指令的应用。

## 思考与练习

1. 将图 2-8 所示的梯形图改写成指令表。

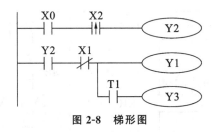

**图 2-8 梯形图**

2. 图 2-9 所示为检测随传送带运动产品的位置, 当包裹从传送带上送过来时, 经过两个光电管 PC1 和 PC2, 这两个光电管用来检测传送带上包裹的位置。当且仅当两个光电管 PC1 和 PC2 同时被激活时, 贴邮票执行机构(ST1)才能动作。请用可编程控制器实现其控制功能。

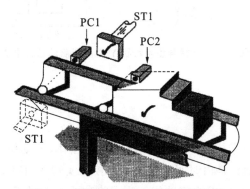

**图 2-9 检测随传送带运动产品的位置**

3. 按下按钮 SB1,指示灯 L1 长亮,按下按钮 SB2,指示灯 L2 长亮,按下按钮 SB3,指示灯 L1、L2 长灭,请用置位指令、复位指令实现其控制功能。

4. 设计一个工作台自动往返控制程序。控制要求如下:正反转启动信号 X0、X1,停车信号 X2,左右限位开关 X3、X4,输出信号 Y0、Y1,具有电气互锁和机械互锁功能。

## ◀ 任务二　三相异步电动机 Y-△降压启动 ▶

### ■ 任务提出

三相定子绕组作三角形连接的三相笼型异步电动机,正常运行时均采用 Y-△启动的方法,以达到限制启动电流的目的。启动时定子绕组先星形连接成降压启动,过一段时间转速上升到接近额定转速时,定子绕组改为三角形连接,电动机进入全压运行状态,如图 2-10 所示。三相电动机控制要求如下:按启动按钮 SB1,电动机作星形连接启动;6 s 后电动机转为三角形连接方式运行;按下停止按钮 SB2,电动机停止运行。本任务研究用可编程控制器实现其控制要求。

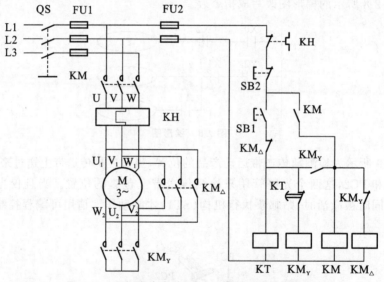

**图 2-10　三相异步电动机 Y-△降压启动运行电路**

### ■ 任务分析

SB1 和 SB2 分别是电动机 M 的启动按钮和停止按钮,电动机 M 由星形连接降压启动转变为三角形连接全压运行是由时间继电器 KT 控制实现的,KT 是通电延时继电器,在用 PLC 实现时,可用定时器来完成相应功能。为了将这个控制关系用 PLC 控制器实现,PLC 需要 3 个输入点、3 个输出点和 1 个定时器,输入输出点分配如表 2-2 所示。

表 2-2  输入输出点分配

| 器 件 | 输入软元件 | 作 用 | 器 件 | 输出软元件 | 作 用 |
|---|---|---|---|---|---|
| SB1 | X1 | 正转按钮 SB1 | KM | Y1 | 主电源控制接触器 |
| SB2 | X2 | 停止按钮 SB2 | $KM_Y$ | Y2 | 星形接法控制接触器 |
| KH | X3 | M 过载保护 | $KM_\triangle$ | Y3 | 三角形接法控制接触器 |

说明：用定时器 T 代替时间继电器 KT 完成相应功能，在 PLC 控制系统中定时器 T 属于内部资源，因此可得表 2-3。

表 2-3  内部资源分配

| 器 件 | 内 部 资 源 | 作 用 |
|---|---|---|
| KT | T0 | 6 s 延时 |

根据资源分配，画出 PLC 的接线图，如图 2-11(a)所示，PLC 控制系统中的所有输入输出点类型全部采用常开触点，由此设计的梯形图如图 2-11(b)所示。按下 SB1，X001 接通，驱动 Y001、Y002 动作，使 Y001 外接的 KM 线圈和 Y002 外接的 $KM_Y$ 线圈吸合，电动机 M 作星形连接降压启动，同时 T0 开始定时，6 s 定时时间到，T0 常闭触点断开，Y002 失电，T0 常开触点闭合，驱动 Y003 动作，使 Y003 外接的 $KM_\triangle$ 线圈吸合，电动机 M 作三角形连接全压运行，这里的常闭触点 Y002 和 Y003 起到接触器互锁的作用。直到按下 SB2，此时 X002 接通，常闭触点断开，使 Y001、Y003 外接的 KM 线圈和 $KM_\triangle$ 线圈失电释放，电动机 M 停止运行。

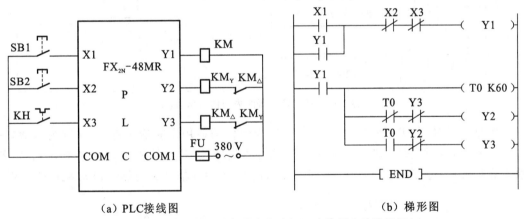

(a) PLC接线图          (b) 梯形图

图 2-11  PLC 控制三相异步电动机 Y-△降压启动及运行

## 相关知识

对于在本任务中应用的新知识——编程元件定时器，归纳总结如下。

PLC 中的定时器 T 相当于继电器控制系统中的通电型时间继电器。它可以提供无限对常开和常闭延时触点。定时器中有一个设定值寄存器(一个字长)，一个当前值计数器(一个字长)和一个用来存储其输出触点的映像寄存器(一个二进制位)，这三个量使用同一地址编号，定时器采用 T 与十进制数共同组成编号(只有输入输出继电器才采用八进制数编号)，如 T0、T200 等。

FX$_{2N}$系列中定时器可分为通用定时器、积算定时器两种。它们是通过对一定周期的时钟脉冲的个数进行累计而实现定时的,时钟脉冲的周期有 1 ms、10 ms、100 ms 三种,当累计脉冲个数达到设定值时触点动作。设定值可用常数 K 或数据寄存器 D 的内容来设置。

**1. 通用定时器**

1) 100 ms 通用定时器(T0～T199)

共 200 点,其中 T192～T199 为子程序和中断服务程序专用定时器。这类定时器是对 100 ms 时钟累积计数,设定值为 1～32 767,所以其定时范围为 0.1～3276.7 s。

2) 10 ms 通用定时器(T200～T245)

共 46 点。这类定时器是对 10 ms 时钟累积计数,设定值为 1～32 767,所以其定时范围为 0.01～327.67 s。

图 2-12 是通用定时器的内部结构示意图。通用定时器的特点是不具备断电保持功能,即当输入电路断开或停电时定时器复位。

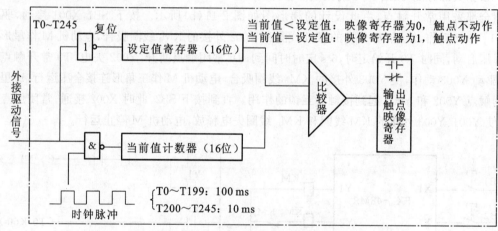

图 2-12　通用定时器的内部结构示意图

如图 2-13 所示,T0 是以 100 ms(0.1 s)为单位的通用定时器。将 20 指定为常数,则 0.1 s×20＝2 s 时定时器动作。执行结果:当输入信号 X0 连续接通 2 s,Y0 有输出信号;若输入信号 X0 不连续接通 2 s,则 Y0 没有输出信号;若输入信号 X0 撤除,则无输出信号 Y0。

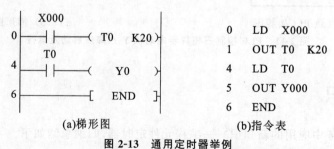

| (a)梯形图 | (b)指令表 |
| --- | --- |

```
0  LD   X000
1  OUT  T0  K20
4  LD   T0
5  OUT  Y000
6  END
```

图 2-13　通用定时器举例

**2. 积算定时器**

1) 1 ms 积算定时器(T246～T249)

共 4 点,对 1 ms 时钟脉冲进行累积计数,定时的时间范围为 0.001～32.767 s。

2）100 ms 积算定时器（T250～T255）

共 6 点，对 100 ms 时钟脉冲进行累积计数，定时的时间范围为 0.1～3276.7 s。

图 2-14 所示是积算定时器的内部结构示意图。积算定时器具备断电保持的功能，在定时过程中如果断电或定时器线圈断开，积算定时器将保持当前的计数值（当前值），通电或定时器线圈接通后继续累积计数，即其当前值具有保持功能，只有将积算定时器复位，当前值才变为 0。

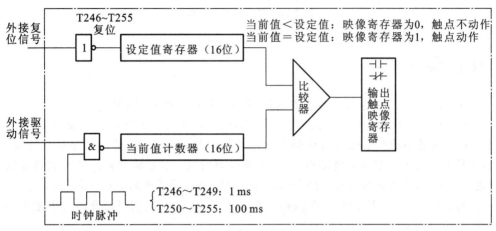

图 2-14 积算定时器的内部结构示意图

如图 2-15 所示，T253 是以 100 ms（0.1 s）为单位的积算定时器。将 345 指定为常数，则 0.1 s×345＝34.5 s 时定时器动作。执行结果：当 X0 接通时，T253 当前值计数器开始累计 100 ms 时钟脉冲的个数；当 X0 经 $t0$ 后断开，而 T253 尚未计数到 K345，其计数当前值保留；当 X0 再次接通，T253 从保留的当前值开始继续累计，经 $t1$ 时间，当达到 K345 时，定时器触点动作，累计的时间为 $t = t0 + t1$；输入信号 X1 接入，定时器 T253 复位，则无输出信号 Y0。

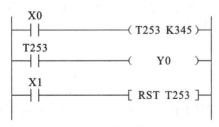

图 2-15 积算定时器举例

### 3. 断电延时问题

FX$_{2N}$ 系列的定时器是通电延时定时器，如果需要使用断电延时的定时器，可用图 2-16 的电路，当 X001 接通时，X001 的常开触点闭合、常闭触点断开，Y000 动作并自保，T0 不动作，而当 X001 断开后，X001 的常开触点断开、常闭触点闭合，由于 Y000 的自保，Y000 仍接通，T0 由于 X001 的常闭触点闭合而接通，开始定时，定时 10 s 后，T0 的常闭触点断开，Y000 和 T0 同时断开，实现了输入信号断开后输出延时断开的目的。

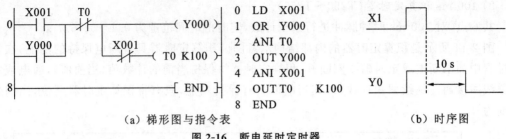

（a）梯形图与指令表　　　　　　　　　（b）时序图

图 2-16　断电延时定时器

## 任务实施

1. 按照图 2-10 所示接线图连接主电路,检查线路的正确性,确保无误。

2. 按照图 2-11(a)所示接线图连接 PLC 控制电路,检查线路的正确性,确保无误。

3. 利用选择功能图上的各种元件符号或快捷键绘制梯形图,传送程序并进行运行调试,检查是否实现了三相异步电动机 Y-△降压启动功能。试着将梯形图改写成指令表,并输入语句表程序,检查是否与梯形图一致,若不一致,可查看任务四进行自学。

4. 图 2-11(b)所示的梯形图中的触点都是电平触发的,它们可以改为边沿触发的吗?试修改,并进行调试。

## 任务总结

1. 三相异步电动机 Y-△降压启动控制在哪些场合应用？试收集资料并举例。

2. 通过本任务的学习,总结一下利用可编程控制器实现三相异步电动机 Y-△降压启动控制要求的实施步骤。

3. 完成 PLC 接线时如何检查其正确性。

4. 试比较定时器线圈和触点之间的关系与输出继电器线圈和触点之间关系的不同。

5. 试比较通用定时器与积算定时器的不同。

## 思考与练习

1. 按下按钮 SB1,指示灯 L1 长亮,5 s 后指示灯 L2 长亮;再过 5 s 后指示灯 L1、L2 长灭。请设计程序并调试。

2. 当按下启动按钮后(启动按钮外接 X0),Y0、Y1、Y2 外接的灯循环点亮,每过 1 s 点亮一盏灯,点亮一盏灯的同时熄灭另一盏灯,请设计程序并安装调试。

3. 按启动按钮 SB1,电动机作星形连接启动,电动机正转,延时 10 s 后,电动机反转;按启动按钮 SB2,电动机作星形连接启动,电动机反转,延时 10 s 后,电动机正转;电动机正转期间,反转启动按钮无效,电动机反转期间,正转启动按钮无效;按停止按钮 SB3,电动机停止运转。用可编程控制器设计程序并安装调试。

4. 某企业承担了一个继电器控制电动机自动往返循环的 PLC 升级改造,继电器控制系统的自动往返循环电路如图 2-17 所示。现要求改造为在两端碰到行程开关时,停止 5 s 后反转。请分析该控制电路图的控制功能,用可编程控制器设计其控制系统并调试。

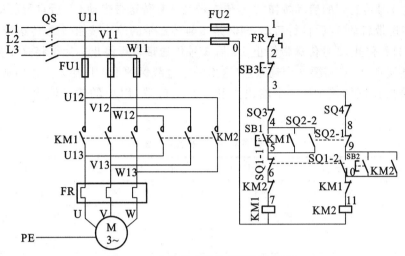

**图 2-17 电动机自动往返控制电路图**

# ◀ 任务三 顺序相连的传送带控制系统 ▶

## ■ 任务提出

图 2-18 所示为某车间三条顺序相连的传送带,为了避免运送的物料在 3 号传送带上堆积,按下启动按钮后,3 号传送带开始运行,5 s 后 2 号传送带自动启动,再过 5 s 后 1 号传送带自动启动。而停机时,则是 1 号传送带先停止,5 s 后 2 号传送带停止,再过 5 s 后 3 号传送带停止。本任务研究用 PLC 实现顺序相连的传送带控制系统。

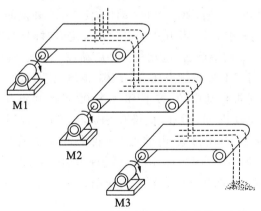

**图 2-18 某车间三条顺序相连的传送带示意图**

## ■ 任务分析

本任务主要是利用 PLC 实现控制要求,主电路连接此处省略。

　　SB1 是 3 号传送带的启动按钮,2 号传送带在 3 号传送带启动 5 s 后自行启动,1 号传送带在 2 号传送带启动 5 s 后自行启动,SB2 是 1 号传送带的停止按钮,1 号传送带停止 5 s 后 2 号传送带自行停止,2 号传送带停止 5 s 后 3 号传送带自行停止。为了将这个控制关系用 PLC 控制器实现,PLC 需要 2 个输入点(这里采用过载保护不占用输入点的方式,将过载保护串接在输出控制回路中)、3 个输出点和 4 个定时器,PLC 的输入输出点分配如表 2-4 所示。

表 2-4　输入输出点分配

| 器　件 | 输入软元件 | 作　用 | 器　件 | 输出软元件 | 作　用 |
|---|---|---|---|---|---|
| SB1 | X1 | 启动按钮 | KM1 | Y1 | 电动机 M1 控制接触器 |
| SB2 | X2 | 停止按钮 | KM2 | Y2 | 电动机 M2 控制接触器 |
| | | | KM3 | Y3 | 电动机 M3 控制接触器 |

　　说明:用定时器 T 代替时间继电器 KT 完成相应功能,在 PLC 控制系统中定时器 T 属于内部资源,因此可得表 2-5。

表 2-5　内部资源分配

| 器　件 | 内部资源 | 作　用 |
|---|---|---|
| KT1 | T0 | 5 s 延时 |
| KT2 | T1 | 5 s 延时 |
| KT3 | T2 | 5 s 延时 |
| KT4 | T3 | 5 s 延时 |

　　根据资源分配,PLC 控制系统中的所有输入点类型全部采用常开触点,画出 PLC 的接线图,如图 2-19(a)所示。根据前面所学知识,由此设计的"启-保-停"作用的梯形图如图 2-19(b)所示。按下 SB1,X001 接通,驱动 Y003 动作,使 Y003 外接的 KM3 线圈吸合,电动机 M3 启动,3 号传送带运行;同时 T0 得电开始定时,5 s 定时时间到,T0 常开触点闭合,Y002 得电,使 Y002 外接的 KM2 线圈吸合,电动机 M2 启动,2 号传送带自动启动;同时 T1 得电开始定时,5 s 定时时间到,T1 常开触点闭合,Y001 得电,使 Y001 外接的 KM1 线圈吸合,电动机 M1 启动,1 号传送带自动启动;按下 SB2,X002 常闭触点断开,Y001 失电,使 Y001 外接的 KM1 线圈断开,电动机 M1 停止,但松开 SB2 时,X002 常闭触点恢复闭合,而 T1 常开触点保持闭合状态,致使 Y001 得电,电动机 M1 再次启动,并且自复位按钮 SB2 的常开触点亦不能驱动完成 5 s 定时,所以图 2-19(b)所示的梯形图需要进行修正与完善,这里我们引入一个新的编程元件,该元件能起到状态暂存的作用。

## ■ 相关知识

　　对于在本任务中应用的新知识——编程元件辅助继电器,归纳总结如下。
　　辅助继电器是 PLC 中数量最多的一种继电器,一般的辅助继电器的作用与继电器控制系统中的中间继电器的作用相似。

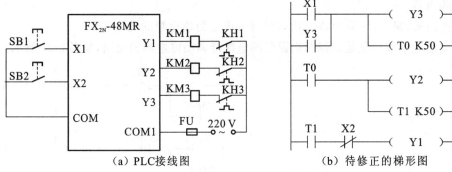

（a）PLC接线图 　　　　　　　（b）待修正的梯形图

图 2-19　PLC 控制三条顺序相连的传送带

辅助继电器不能直接驱动外部负载，负载只能由输出继电器的外部触点驱动。辅助继电器的常开与常闭触点在 PLC 内部编程时可无限次使用。

辅助继电器采用 M 与十进制数共同组成编号（只有输入输出继电器才用八进制数），如 M0、M8002 等。

### 1. 通用辅助继电器（M0～M499）

FX$_{2N}$ 系列 PLC 共有 500 点通用辅助继电器。通用辅助继电器在 PLC 运行时，如果电源突然断电，则全部线圈均断开。当电源再次接通时，除了因外部输入信号而变为接通的以外，其余的仍保持断开状态，它们没有断电保护功能。通用辅助继电器常在逻辑运算中作为辅助运算、状态暂存、移位等。

在图 2-20 中，当辅助继电器 M0 被驱动后，M0 线圈得电，M0 的常开触点闭合，Y000 线圈得电。当 X001 动作时，辅助继电器 M0 线圈失电，失电后，M0 的常开触点断开，Y000 线圈失电。辅助继电器 M1 的工作过程同理，这里不再赘述。

图 2-20　通用辅助继电器的应用

### 2. 断电保持辅助继电器（M500～M3071）

FX$_{2N}$ 系列 PLC 共有 2572 个断电保持辅助继电器。它与普通辅助继电器不同的是具有断电保护功能，即能记忆电源中断瞬时的状态，并在重新通电后再现其状态。它之所以能在电源断电时保持其原有的状态，是因为电源中断时它们用 PLC 中的锂电池保持自身映像寄存器中的内容。

根据需要,M500~M1023 可由软件将其设定为通用辅助继电器。

下面通过小车往复运动控制来说明断电保持辅助继电器的应用,如图 2-21 所示。

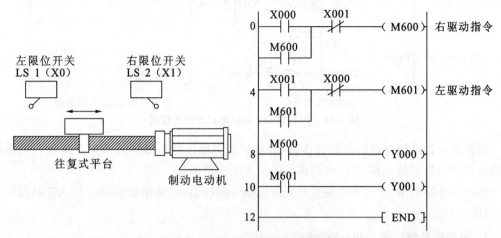

图 2-21  断电保持辅助继电器的应用

小车的正反向运动中,用 M600、M601 控制输出继电器驱动小车运动。X000、X001 分别为左限位输入信号、右限位输入信号。运行的过程是 X000＝ON→M600＝ON→Y000＝ON→小车右行→停电→小车中途停止→上电(M600＝ON→Y000＝ON)再右行→X001＝ON→M600＝OFF,M601＝ON→Y001＝ON(左行)。可见由于 M600 和 M601 具有断电保护功能,所以在小车中途因停电停止后,一旦电源恢复,M600 或 M601 仍记忆原来的状态,将由它们控制相应输出继电器,小车继续沿原方向运动。若不用断电保持辅助继电器,当小车中途断电后,再次得电时小车也不能运动。

**3. 特殊辅助继电器**

FX$_{2N}$ 系列中有 256 个特殊辅助继电器,可分成触点型和线圈型两大类。

1) 触点型

其线圈由 PLC 自动驱动,用户只可使用其触点。例如:

M8000:运行监视器(在 PLC 运行中接通)。M8001 与 M8000 逻辑相反。

M8002:初始脉冲(仅在运行开始时瞬间接通)。M8003 与 M8002 逻辑相反。

M8011、M8012、M8013 和 M8014 分别是产生 10 ms、100 ms、1 s 和 1 min 时钟脉冲的特殊辅助继电器。

M8000、M8002、M8012 的波形图如图 2-22 所示。

2) 线圈型

由用户程序驱动线圈后 PLC 执行特定的动作。例如:

M8033:若使其线圈得电,则 PLC 停止时保持输出映像存储器和数据寄存器内容。

M8034:若使其线圈得电,则将 PLC 的输出全部禁止。

M8039:若使其线圈得电,则 PLC 按 D8039 中指定的扫描时间工作。

M8040:禁止状态转移,状态转移条件满足时也不能转移。

M8030:电池灭灯,电池电压降低,PLC 面板上的指示灯不会亮。

如图 2-23 所示,当急停开关合上时,X5 常开触点闭合,M8034 线圈得电,PLC 的输出全

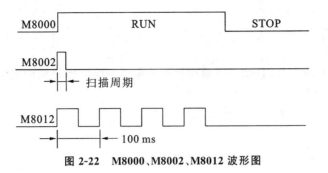

图 2-22　M8000、M8002、M8012 波形图

部断电复位。当 X5 复位时，M8034 线圈失电，输入设备重新动作后，PLC 的输出才能有效。

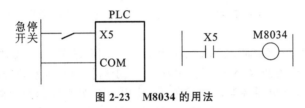

图 2-23　M8034 的用法

## ■ 任务实施

1. 用通用辅助继电器解决编程问题，由此得到 PLC 控制三条顺序相连传送带的梯形图，如图 2-24 所示。

2. 按照图 2-19(a)所示接线图连接 PLC 控制电路，检查线路的正确性，确保无误。

3. 输入图 2-24 所示的梯形图或指令表，进行程序调试，检查是否实现了控制功能。

4. 输入图 2-25 所示的梯形图或指令表，进行程序调试，检查是否实现了控制功能。

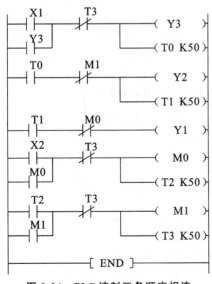

图 2-24　PLC 控制三条顺序相连
传送带的梯形图一

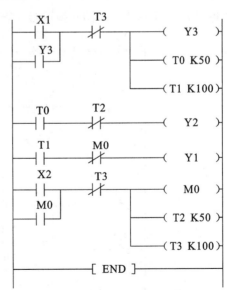

图 2-25　PLC 控制三条顺序相连
传送带的梯形图二

## 任务总结

1. 通过本任务的学习,总结一下通用辅助继电器与断电保持辅助继电器的应用区别。
2. 完成 PLC 接线时如何检查其正确性。
3. PLC 控制程序的调试过程中的注意事项。

## 思考与练习

1. 按下按钮 SB1,指示灯 L1、L2 长亮,5 s 后指示灯 L1 灭,L2、L3 长亮;5 s 后指示灯 L2 灭,L1、L3 长亮;再过 5 s 后指示灯 L3 灭,L1、L2 长亮,如此循环。请用可编程控制器设计程序并安装调试。

2. 试编写洗手间小便池冲水系统控制程序。控制要求是当人来时,光电开关使 X000 接通 3 s 后控制冲水系统冲水(Y000 为 ON)3 s,人走后控制冲水系统冲水 4 s。

3. 完成单按钮双路单通控制。要求如下:使用一个按钮控制两盏灯,第一次按下时第一盏灯亮,第二盏灯灭;第二次按下时第一盏灯灭,第二盏灯亮;第三次按下时两盏灯都灭。按钮信号为 X1,第一盏灯信号为 Y1,第二盏灯信号为 Y2。

## ◀ 任务四　基本逻辑指令的应用 ▶

## 任务提出

试将图 2-26 所示的梯形图转换成指令表。

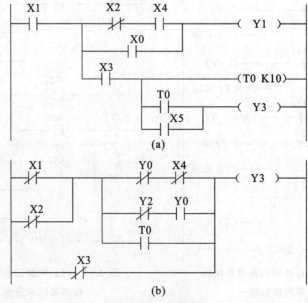

(a)

(b)

图 2-26　梯形图

## 任务分析

由于图 2-26 中的梯形图涉及电路块的连接以及多重输出电路,根据前面任务中学习的取指令、触点串并联指令、输出指令无法完成其任务,因此,我们现在介绍其他基本逻辑指令的使用。

## 相关知识

对于在本任务中应用的新知识——基本逻辑指令,归纳总结如下。

**1. ORB 块或指令**

两个或两个以上的触点组成的串联电路块之间的并联。指令的说明如下:

(1) 串联电路块:两个或两个以上的触点串联而成的电路块。

(2) 将串联电路块并联时用 ORB 指令。

(3) ORB 指令不带元件号(相当于触点间的垂直连线)。

(4) 每个串联电路块的起点都要用 LD 或 LDI 指令,电路块后面用 ORB 指令。

如图 2-27 所示的梯形图中有三个串联电路块:X000、X001,X002、X003,X004、X005,每块开始的三个触点 X000、X002、X004 都使用了 LD 指令。X000、X001 组成的串联电路块与 X002、X003 组成的串联电路块之间并联时使用 ORB 指令;再与 X004、X005 组成的串联电路块并联时使用 ORB 指令。

有多个电路块并联回路,如对每个电路块使用 ORB 指令,则并联电路块数量没有限制。

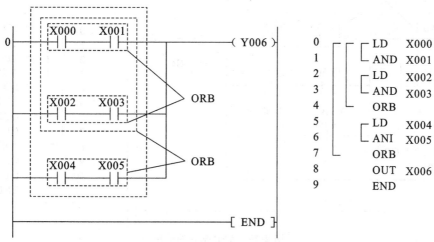

图 2-27　串联电路块并联连接

如图 2-28 所示,ORB 指令也可以连续使用,但这种程序写法不推荐使用,ORB 指令连续使用次数不得超过 8 次。

**2. ANB 块与指令**

两个或两个以上触点组成的并联电路块之间串联连接指令。指令的说明如下:

(1) 并联电路块:两个或两个以上的触点并联而成的电路。

(2) 将并联电路块与前面的电路串联时用 ANB 指令。

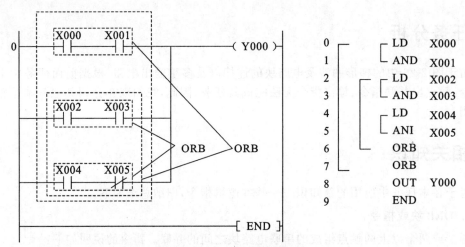

图 2-28　ORB 指令连续使用

（3）使用 ANB 指令前,应先完成并联电路块内部的连接。

（4）并联电路块中各支路的起点使用 LD 或 LDI 指令。

（5）ANB 指令相当于两个电路块之间的串联连线。

如图 2-29 所示,X000、X001 是并联电路块,X002~X006 也是并联电路块,将这两个并联电路块串联连接时,使用了 ANB 指令。并联电路块的开始应该用 LD、LDI、LDP 或 LDF 指令。ANB 指令的使用次数没有限制,也可连续使用,但与 ORB 指令一样,连续使用时使用次数不超过 8 次。

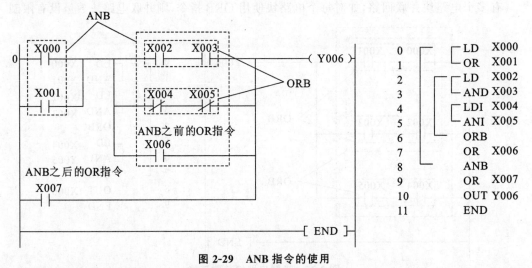

图 2-29　ANB 指令的使用

**3. MPS、MRD、MPP 堆栈指令**

用于多重输出电路。MPS:进栈指令(触点状态储存)。MRD:读栈指令。MPP(POP):出栈指令。指令的说明如下:

（1）MPS、MRD、MPP 指令无编程元件。

（2）MPS、MPP 指令成对出现,可以嵌套;MRD 指令可有可无,也可有两个或两个以上。

（3）由于栈的存储单元只有 11 个,所以栈的层次最多为 11 层。

图 2-30(a)所示梯形图(一层栈例一)所对应的指令表程序如图 2-30(b)所示。

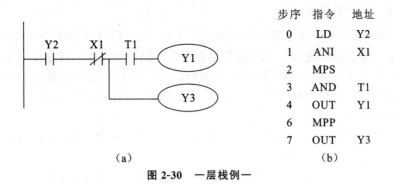

| 步序 | 指令 | 地址 |
|---|---|---|
| 0 | LD | Y2 |
| 1 | ANI | X1 |
| 2 | MPS | |
| 3 | AND | T1 |
| 4 | OUT | Y1 |
| 6 | MPP | |
| 7 | OUT | Y3 |

（a） （b）

**图 2-30 一层栈例一**

图 2-31(a)所示梯形图(一层栈例二)所对应的指令表程序如图 2-31(b)所示。

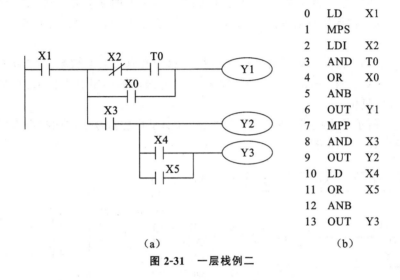

| 0 | LD | X1 |
|---|---|---|
| 1 | MPS | |
| 2 | LDI | X2 |
| 3 | AND | T0 |
| 4 | OR | X0 |
| 5 | ANB | |
| 6 | OUT | Y1 |
| 7 | MPP | |
| 8 | AND | X3 |
| 9 | OUT | Y2 |
| 10 | LD | X4 |
| 11 | OR | X5 |
| 12 | ANB | |
| 13 | OUT | Y3 |

（a） （b）

**图 2-31 一层栈例二**

图 2-32(a)所示梯形图(二层栈例)所对应的指令表程序如图 2-32(b)所示。

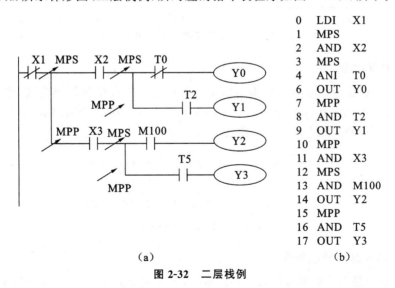

| 0 | LDI | X1 |
|---|---|---|
| 1 | MPS | |
| 2 | AND | X2 |
| 3 | MPS | |
| 4 | ANI | T0 |
| 6 | OUT | Y0 |
| 7 | MPP | |
| 8 | AND | T2 |
| 9 | OUT | Y1 |
| 10 | MPP | |
| 11 | AND | X3 |
| 12 | MPS | |
| 13 | AND | M100 |
| 14 | OUT | Y2 |
| 15 | MPP | |
| 16 | AND | T5 |
| 17 | OUT | Y3 |

（a） （b）

**图 2-32 二层栈例**

### 4. MC、MCR 主控指令

MC(主控指令)用于公共串联触点的连接。执行 MC 指令后,左母线移到 MC 触点的后面。MCR (主控复位指令)是 MC 指令的复位指令,即利用 MCR 指令恢复原左母线的位置。

在编程时常会出现这样的情况:多个线圈同时受一个或一组触点控制。如果在每个线圈的控制电路中都串入同样的触点,将占用很多存储单元,使用主控指令就可以解决这一问题。指令的说明如下:

(1) MC、MCR 指令的目标元件为 Y 和 M,但不能用特殊辅助继电器。MC 指令占 3 个程序步,MCR 指令占 2 个程序步。

(2) 主控触点在梯形图中与一般触点垂直。MC 指令后用 LD/LDI 指令,表示建立子母线。

(3) MC 指令的输入触点断开时,在 MC 和 MCR 之内的积算定时器、计数器、用复位/置位指令驱动的元件保持其之前的状态不变。非积算定时器和计数器、用 OUT 指令驱动的元件将复位。

(4) 在一个 MC 指令区内若再使用 MC 指令称为嵌套。嵌套级数最多为 8 级,编号按 N0→N1→N2→N3→N4→N5→N6→N7 顺序增大,每级的返回用对应的 MCR 指令,从编号大的嵌套级开始复位。

图 2-33(a)所示是主控指令的梯形图,图 2-33(b)是主控指令对应的指令表程序,图 2-33(c)是堆栈指令对应的梯形图。

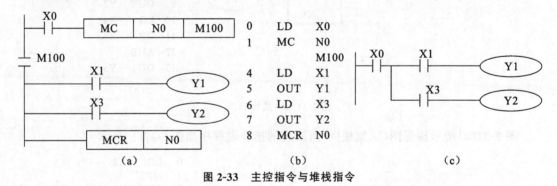

图 2-33 主控指令与堆栈指令

### 5. INV 取反指令

INV(Inverse)指令用于运算结果的取反。该指令不能直接与母线连接,也不能单独使用。该指令是一个无操作元件指令,占一个程序步。INV 指令的用法如图 2-34 所示。当 X0 断开时,Y0 为 ON,如果 X0 接通,则 Y0 为 OFF。

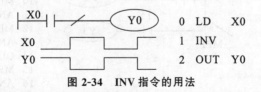

图 2-34 INV 指令的用法

### 6. PLF、PLS 脉冲输出指令

PLS (Pulse)是上升沿微分(脉冲)输出指令,PLF 是下降沿微分(脉冲)输出指令。指令的说明如下:

（1）指令只能用于编程元件 Y 和 M。

（2）PLS 在信号上升沿（OFF→ON）接通一个扫描周期。

（3）PLF 在信号下降沿（ON→OFF）接通一个扫描周期。

图 2-35(a)所示梯形图所对应的指令表程序如图 2-35(b)所示。

当 X0 端第一个脉冲的上升沿信号到来时，Y0 接通一个扫描周期，Y2 置位，但由于一个扫描周期非常短，小型 PLC 的扫描周期一般为十几毫秒到几十毫秒，肉眼无法分辨出，因此在调试过程中只能看见输出继电器 Y2 的 LED 灯亮。同理，当 X1 端第一个脉冲的下降沿信号到来时，Y1 接通一个扫描周期，Y2 复位。其时序图如图 2-35(c)所示。

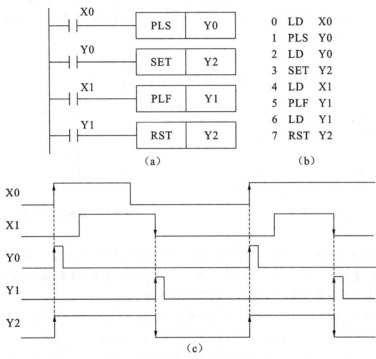

图 2-35　PLF、PLS 脉冲输出指令

**7. NOP 空操作指令、END 程序结束指令**

NOP 指令不执行操作，但占一个程序步。执行 NOP 指令时并不做任何事，有时可用 NOP 指令短接某些触点，或用 NOP 指令将不要的指令覆盖。当 PLC 执行了清除用户存储器操作后，用户存储器的内容全部变为空操作指令。

END 指令表示程序结束。若程序的最后不写 END，则 PLC 不管实际的用户程序多长，都从用户程序存储器的第一步执行到最后一步；若有 END 指令，当扫描到 END 时，则结束执行程序，这样就可以缩短扫描周期。在程序调试时，可在程序中插入若干 END 指令，将程序划分为若干段，在确定前面程序无误后，依次删除 END 指令，直至调试结束。

**8. 梯形图的画法规则与梯形图的优化**

1）画法规则

触点电路块画在梯形图的左边，线圈画在梯形图的右边，右母线可以省略。线圈可以并联，不能串联连接，应尽量避免双线圈输出；当有多个触点驱动同一线圈时，将驱动触点并联。

如下图中图 2-36 是正确的，图 2-37 是错误的。

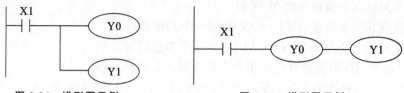

图 2-36　梯形图示例一　　　　　　图 2-37　梯形图示例二

图 2-38 中,在同一个程序中,同一元件的线圈在同一扫描周期内输出了两次或多次,称为双线圈输出。在 X1 动作之后,X2、X4 动作之前,同一个扫描周期中,第一个 Y0 接通,第二个、第三个 Y0 断开,在下一个扫描周期中,第一个 Y0 又接通,第二个、第三个 Y0 又断开,Y0 输出继电器出现快速振荡的异常现象。所以,在编程时要避免出现双线圈输出的现象,解决方法如图 2-39 所示。

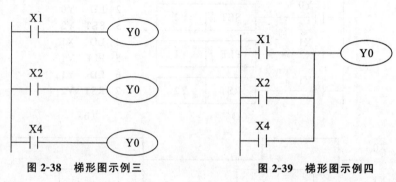

图 2-38　梯形图示例三　　　　　　图 2-39　梯形图示例四

2) 优化

(1) 串联电路左右位置可调,应将单个触点放在右边,实现触点的"左重右轻"。

(2) 并联电路上下位置可调,应将单个触点的支路放在下面,实现触点的"上重下轻"。

(3) 在有线圈的并联电路中,将单个线圈放在上面。

读者可把图 2-40 所示的两个梯形图改写成指令表,比较梯形图优化的好处。

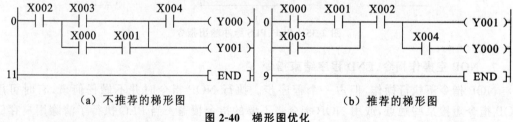

(a) 不推荐的梯形图　　　　　　(b) 推荐的梯形图

图 2-40　梯形图优化

## ■ 任务实施

将图 2-25 所示的梯形图转换成指令表,录入指令表,查看梯形图是否与之对应。

## ■ 任务总结

1. 通过本任务的学习,总结一下常用基本逻辑指令的使用。

2. 总结梯形图绘制基本原则与优化技巧。

## 思考与练习

1. 如图 2-41 所示,将给定的梯形图改写成指令表程序,或将给定的指令表程序改写成梯形图程序。

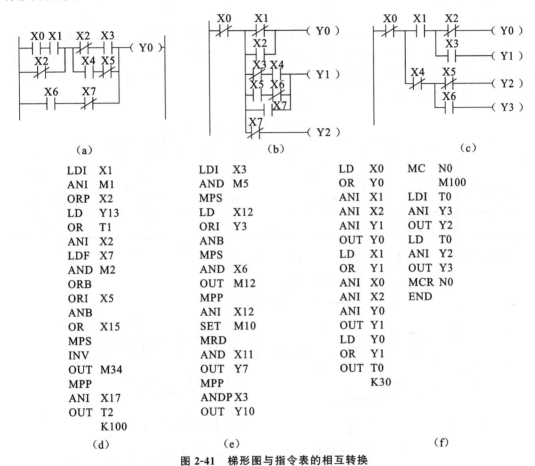

图 2-41 梯形图与指令表的相互转换

| | | |
|---|---|---|
| LDI X1 | LDI X3 | LD X0 　MC N0 |
| ANI M1 | AND M5 | OR Y0 　　　M100 |
| ORP X2 | MPS | ANI X1 　LDI T0 |
| LD Y13 | LD X12 | ANI X2 　ANI Y3 |
| OR T1 | ORI Y3 | ANI Y1 　OUT Y2 |
| ANI X2 | ANB | OUT Y0 　LD T0 |
| LDF X7 | MPS | LD X1 　ANI Y2 |
| AND M2 | AND X6 | OR Y1 　OUT Y3 |
| ORB | OUT M12 | ANI X0 　MCR N0 |
| ORI X5 | MPP | ANI X2 　END |
| ANB | ANI X12 | ANI Y0 |
| OR X15 | SET M10 | OUT Y1 |
| MPS | MRD | LD Y0 |
| INV | AND X11 | OR Y1 |
| OUT M34 | OUT Y7 | OUT T0 |
| MPP | MPP | 　　　K30 |
| ANI X17 | ANDP X3 | |
| OUT T2 | OUT Y10 | |
| 　　K100 | | |
| (d) | (e) | (f) |

# ◀ 任务五　自动包装机控制系统 ▶

## 任务提出

包装机器有多种分类方法,按功能可分为单功能包装机和多功能包装机,按使用目的可分为内包装机和外包装机,按包装品种又分为专用包装机和通用包装机,按自动化水平分为半自动包装机和全自动包装机。

本任务的设计只要求简单计数,传送带上有检测产品的光电开关,当有产品从光电开关经过,就开始计数。控制要求如下:按下启动按钮,三相异步电动机拖动传送带运行,当光电开关检测到有产品经过时,计数指示灯点亮一次,每计数 12 次时,传送带延时 3 s 后停止,打包装置开始打包,动作 5 s 后停止,同时传送带继续运行输送产品。本任务研究用 PLC 实现自动包装机控制系统。

## 任务分析

SB1 是电动机 M 的启动按钮,SB2 是光电开关,在用 PLC 实现时,可用计数器来完成计数功能。为了将这个控制关系用 PLC 控制器实现,PLC 需要 2 个输入点(这里采用过载保护不占用输入点的方式,将过载保护串接在输出控制回路中)、3 个输出点和 1 个计数器,输入输出点分配如表 2-6 所示。

表 2-6　输入输出点分配

| 器　件 | 输入软元件 | 作　用 | 器　件 | 输出软元件 | 作　用 |
| --- | --- | --- | --- | --- | --- |
| SB1 | X1 | 启动按钮 | KM | Y0 | 控制接触器 |
| SB2 | X2 | 光电开关 | HL1 | Y4 | 计数指示灯 |
|  |  |  | KA | Y5 | 打包动作 |

说明:在 PLC 控制系统中计数器 C 属于内部资源。

根据资源分配,画出 PLC 的接线图,如图 2-42 所示。

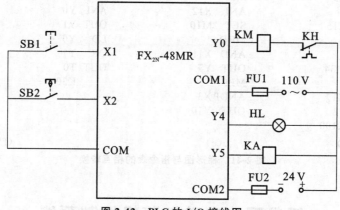

图 2-42　PLC 的 I/O 接线图

## 相关知识

对于在本任务中应用的新知识——编程元件计数器,归纳总结如下。

FX$_{2N}$ 系列计数器分为内部计数器和高速计数器两类。这里先介绍内部计数器。

内部计数器在执行扫描操作时对内部信号(如 X、Y、M、S、T 等)进行计数。内部输入信号的接通和断开时间应比 PLC 的扫描周期长。

**1. 16 位加计数器(C0～C199)**

共 200 点。其中 C0～C99 为通用型,C100～C199 共 100 点为断电保持型(断电保持型即断电后能保持当前值，待通电后继续计数)。这类计数器为递加计数，应用前先对其设定某一设定值，当输入信号(上升沿)个数累加到设定值时，计数器动作，其常开触点闭合，常闭触点断开。计数器的设定值为1～32 767。

下面举例说明通用型16位加计数器的工作原理。如图2-43所示，X010为复位信号，当X010为ON时C0复位。X011是计数输入，每当X011接通一次，计数器当前值增加1(注意：X010断开，计数器不会复位)。当计数器当前值等于设定值5时，计数器C0的输出触点动作，Y000被接通。此后即使输入X011再接通，计数器的当前值也保持不变。当复位X010接通时，执行RST复位指令，计数器复位，输出触点也复位，Y000被断开。

X010
RST
C0
X011
C0
K5
C0
Y000
X010
X011
1
2
3
4
5
当前值
0
Y0

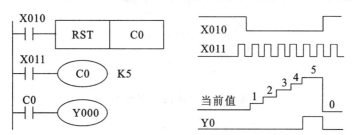

**图2-43 通用型16位加计数器**

图2-44是一个由定时器T0和计数器C0组合的延时梯形图。T0形成一个设定值为1秒的自复位定时器，当X010接通，T0线圈得电，经延时1秒，T0的常闭触点断开，T0定时器断开复位，待下一次扫描时，T0的常闭触点才闭合，T0线圈又重新得电。即T0触点每接通一次，每次接通时间为一个扫描周期。计数器对这个脉冲信号进行计数，计数到10次，C0常开触点闭合，使Y000线圈接通。从X010接通到Y000有输出，延时时间为定时器和计数器设定值的乘积：$T_{总}=1\times10\ s=10\ s$。

X010
T0
0
T0 K10
X010
5
RST C0
T0
9
C0 K10
C0
13
Y000
15
END

**图2-44 定时器和计数器组合的延时梯形图**

**2. 32位加/减计数器(C200～C234)**

共有35点32位加/减计数器，其中C200～C219共20点为通用型，C220～C234共15点为断电保持型。这类计数器与16位加计数器除位数不同外，还在于它能通过控制实现加/减双向计数。其设定值范围为－214 783 648～＋214 783 647(32位)。

C200～C234是加计数还是减计数，分别由特殊辅助继电器M8200～M8234设定。对应的特殊辅助继电器被置为ON时为减计数，置为OFF时为加计数。

如图2-45所示，X12用来控制M8200，X12闭合时为减计数方式，否则为加计数方式。

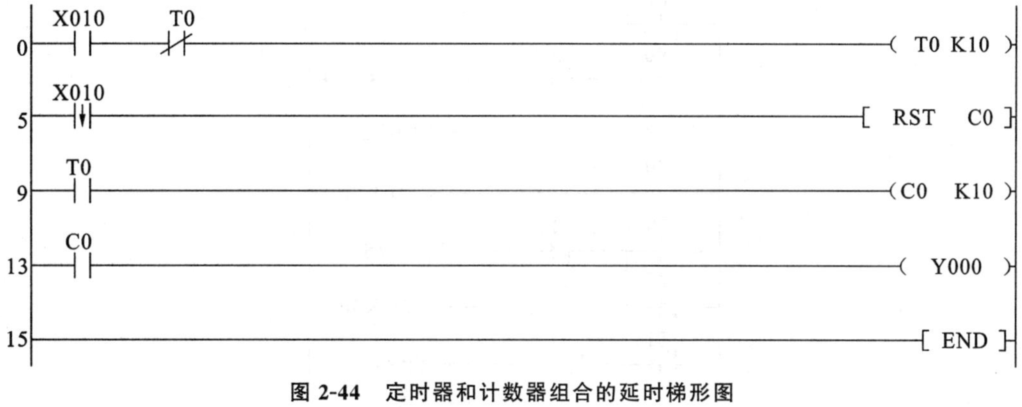

X13 为复位信号,X14 为计数输入,C200 的设定值为5(可正、可负)。设 C200 置为加计数方式(X12 断开,M8200 为 OFF),当 X14 计数输入由 4 累加到 5 时,计数器的输出触点动作,Y1 接着动作。当前值大于 5 时计数器仍保持 ON 状态。只有当前值由 5 变为 4 时,计数器才变为 OFF。只要当前值小于 4,则输出保持为 OFF 状态。复位输入 X13 接通时,计数器的当前值为 0,输出触点也随之复位。

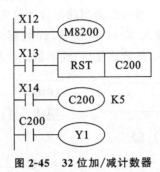

图 2-45 32 位加/减计数器

## 任务实施

1. 用计数器解决编程问题,由此得到的自动包装机 PLC 控制系统梯形图如图 2-46 所示。

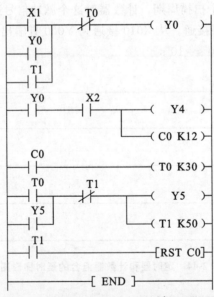

图 2-46 自动包装机 PLC 控制系统梯形图

2. 按照图 2-42 所示接线图连接 PLC 控制电路,检查线路的正确性,确保无误。

3. 输入图 2-46 所示的梯形图或指令表,进行程序调试,检查是否实现了控制功能。

4. 自动包装机 PLC 控制系统中若加入停止按钮,当按下停止按钮时,系统打包完成当前周期后停止运行。试编写梯形图程序并调试,检查能否实现其控制功能。

## 任务总结

1. 通过本任务的学习,总结一下通用计数器与通用定时器的应用区别。
2. 完成 PLC 接线时如何检查其正确性。
3. PLC 控制程序的调试过程中的注意事项。

## 思考与练习

1. 使用一个按钮控制一盏灯,实现奇数次按下灯亮,偶数次按下灯灭。

2. 设计一个车库自动门控制系统,具体控制要求是:当汽车来到车库门前,超声波开关接收到车来的信号,门上升,当升到顶点碰到上限开关,门停止上升;当汽车驶入车库后,光电开关发出信号,门电动机反转,门下降,当下降碰到下限开关后门电动机停止。试画出 I/O 接线图,设计梯形图程序并加以调试。

3. 按下按钮 X0 后 Y0 变为 ON 并自保持,T0 定时 8 s 后,用 C0 对 X1 输入脉冲计数,计满 4 个脉冲后,Y0 变为 OFF,同时 C0 和 T0 被复位,在 PLC 刚开始执行用户程序时 C0 也被复位,请设计出梯形图。

4. 2 台电动机相互协调运转,其运作要求是:M1 运转 10 s,停止 5 s,M2 与 M1 相反,M1 运行,M2 停止;M2 运行,M1 停止,如此反复动作 3 次,M1、M2 均停止。动作示意图如图 2-47 所示,请设计出梯形图程序并加以调试。

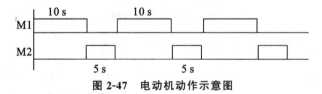

图 2-47 电动机动作示意图

## ◀ 任务六 风机监视系统 ▶

## 任务提出

用一只信号灯监视三台风机的运行状态。若两台以上风机运行时,信号灯长亮;若一台风机运行时,信号灯以 0.5 Hz 的频率闪光;若一台风机也不运行时,信号灯以 2 Hz 的频率闪光。如果选择运转装置不打开,信号灯熄灭。本任务研究用 PLC 实现风机监视系统。

## 任务分析

本任务中不考虑风机实际运行控制系统,只考虑监视风机运行状态。风机运行信号为输入信号,1～3号风机接触器 KM1～KM3 的常开触点接 PLC 的输入端,监视总开关也是输入信号;信号灯为输出信号。为了将这个控制关系用 PLC 控制器实现,PLC 需要 4 个输入点、1 个输出点,输入输出点分配如表 2-7 所示。

表 2-7　输入输出点分配

| 器　件 | 输入软元件 | 作　用 | 器　件 | 输出软元件 | 作　用 |
|---|---|---|---|---|---|
| SA | X0 | 监视总开关 | HL | Y1 | 信号灯 |
| KM1 常开触点 | X1 | 风机 1 的输入信号 | | | |
| KM2 常开触点 | X2 | 风机 2 的输入信号 | | | |
| KM3 常开触点 | X3 | 风机 3 的输入信号 | | | |

根据资源分配,画出 PLC 的接线图,如图 2-48 所示,主电路接线图省略。

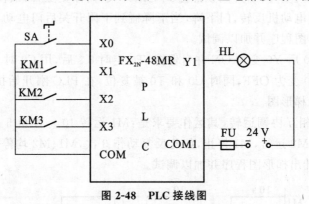

图 2-48　PLC 接线图

根据任务要求,得出风机运行控制逻辑,如图 2-49 所示。

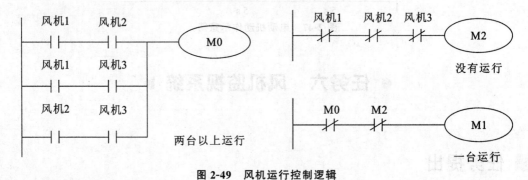

图 2-49　风机运行控制逻辑

## ■ 相关知识

在本任务中需要使用灯光闪烁电路,归纳总结如下。

## 一、脉冲发生器

前面已介绍过特殊辅助继电器 M8011～M8014 能分别产生 10 ms、100 ms、1 s 和 1 min

的时钟脉冲。在实际应用中还可以不使用特殊辅助继电器设计脉冲发生器,例如,设计一个周期为 300 s、脉冲持续时间为一个扫描周期的脉冲发生器,如图 2-50 所示。

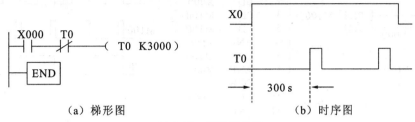

（a）梯形图　　　　　　　　　　　　　（b）时序图

图 2-50　脉冲发生器

## 二、灯光闪烁电路

设计一个灯光闪烁电路,产生亮 3 s 灭 2 s 的闪烁效果。为了实现这一功能,设置 T0 为 2 s 定时器,T1 为 3 s 定时器,设计的电路、梯形图与时序图如图 2-51 所示。

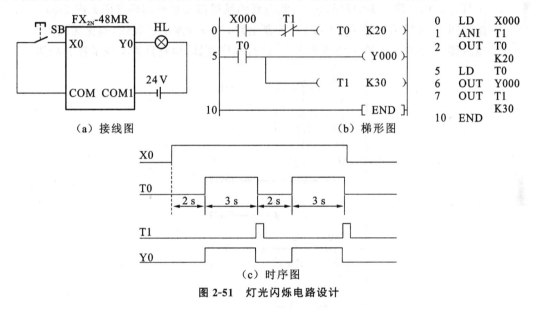

（a）接线图　　　　　　　　　　（b）梯形图

（c）时序图

图 2-51　灯光闪烁电路设计

## 三、分频电路

用 PLC 可以实现对输入信号的任意分频,图 2-52 为二分频电路,要分频的脉冲信号加入 X0 端,Y0 端输出分频后的脉冲信号。程序开始执行时,M8002 接通一个扫描周期,确保 Y000 的初始态为断开状态,X000 端第一个脉冲信号到来时,M100 接通一个扫描周期,驱动 Y000 的两条支路中的 1 号支路接通、2 号支路断开,Y000 接通。第一个脉冲到来一个扫描周期后,M100 断开,Y000 仍接通,所以驱动 Y000 的两条支路中的 2 号支路接通、1 号支路断开,Y000 继续保持接通。X000 端第二个脉冲信号到来时,M100 又接通一个扫描周期,此时 Y000 仍接通,驱动 Y000 的两条支路都断开,Y000 断开。第二个脉冲到来一个扫描周期后,M100 断开,Y000 仍断开,Y000 继续保持断开,直到第三个脉冲到来。所以,X000 每送入两个脉冲,Y000 产生一个脉冲,实现了分频。

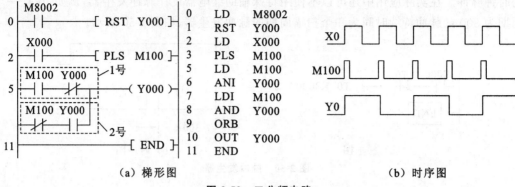

（a）梯形图      （b）时序图

图 2-52　二分频电路

## 任务实施

1. 用灯光闪烁电路解决编程问题，由此得到的风机监视系统的梯形图如图 2-53 所示。

2. 按照图 2-48 所示接线图连接 PLC 控制电路，检查线路的正确性，确保无误。

3. 输入图 2-53 所示的梯形图或指令表，进行程序调试，检查是否实现了控制功能。

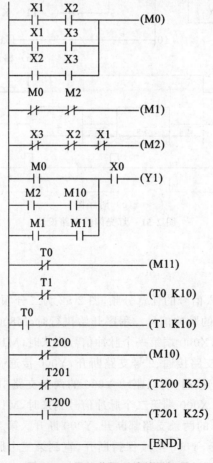

图 2-53　风机监视系统的梯形图

## 任务总结

1. 通过本任务的学习,总结一下如何用通用定时器实现灯光闪烁。
2. 完成 PLC 接线时如何检查其正确性。
3. PLC 控制程序的调试过程中的注意事项。

## 思考与练习

1. 设计满足图 2-54 所示三个时序图的梯形图。

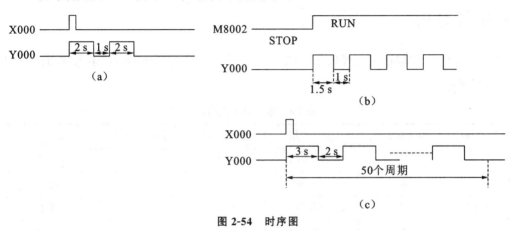

图 2-54 时序图

2. 单按钮单路输出控制。要求:使用一个按钮控制一盏灯。第一次按下时,指示灯 HL 以亮 1 s 灭 1 s 的频率闪烁;第二次按下时,指示灯 HL 长亮;第三次按下时,指示灯 HL 长灭。试用可编程控制器实现其功能。

## ◀ 任务七　运料小车往返运行控制 ▶

## 任务提出

在自动化生产线上经常使用运料小车,如图 2-55 所示,货物通过运料小车 M 从 A 地运到 B 地,在 B 地卸货后小车 M 再从 B 地返回 A 地待命。本任务用 PLC 来控制运料小车的工作。

假设小车 M 开始停在左侧限位开关 SQ2 处,按下启动按钮 X0,Y2 变为 ON,打开储料斗的闸门,开始装料,同时用定时器 T0 定时,10 s 后关闭储料斗的闸门,Y0 为 ON,开始右行,碰到限位开关 SQ1 后停下来卸料,Y3 为 ON,同时用定时器 T1 定时,8 s 后 Y1 变为 ON,开始左行,碰到限位开关 SQ2 后又停下来装料,这样不停地循环工作,直到按下停止按钮 X3 才停止运行。

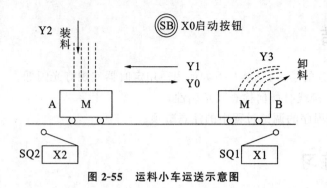

图 2-55　运料小车运送示意图

## 任务分析

　　为了用 PLC 控制器来实现任务,PLC 需要 4 个输入点、4 个输出点,输入输出点分配如表 2-8 所示。

表 2-8　输入输出点分配

| 器　件 | 输入软元件 | 作　用 | 器　件 | 输出软元件 | 作　用 |
|---|---|---|---|---|---|
| SB1 | X0 | 启动按钮 | KM1 | Y0 | 小车右行 |
| SQ1 | X1 | 右限位开关 | KM2 | Y1 | 小车左行 |
| SQ2 | X2 | 左限位开关 | KM3 | Y2 | 装料 |
| SB2 | X3 | 停止按钮 | KM4 | Y3 | 卸料 |

　　启动和停止按钮全部采用常开按钮,小车左行和右行、装料和卸料均加入硬件互锁,PLC 接线图如图 2-56 所示。

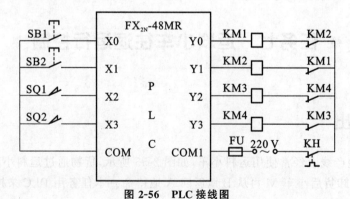

图 2-56　PLC 接线图

## 任务实施

　　1. 用经验设计法设计小车运料控制系统的梯形图程序,梯形图如图 2-57 所示。

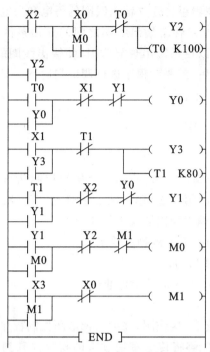

图 2-57　运料小车往返运行控制梯形图

2．按照图 2-56 所示接线图连接 PLC 控制电路,检查线路的正确性,确保无误。

3．输入图 2-57 所示的梯形图或指令表,进行程序调试,检查是否实现了控制功能。

## 任务总结

任务采用经验设计法进行编程,现总结一下经验设计法的编程步骤。

经验设计法也叫试凑法,是指设计者在掌握了大量的典型电路的基础上,充分理解实际控制问题,将实际控制问题分解成若干典型控制电路,再在典型控制电路的基础上不断修改且拼凑成梯形图。这种方法可能需要增加大量的中间元件来完成记忆、互锁等功能,需要反复调试和修改梯形图,没有普遍的规律可循,具有试探性和拼凑性,设计出来的梯形图不是唯一的。对于复杂的系统,经验设计法一般设计周期较长,不易掌握,系统交付使用后维修困难。所以经验设计法一般只适合比较简单的或与某些典型系统相类似的控制系统的设计。用经验设计法编程,可归纳为以下几个步骤。

（1）分解梯形图程序。认真分析和理解控制要求,将要编制的梯形图程序分解成功能独立的子梯形图程序。

（2）进行输入信号逻辑组合。利用输入信号逻辑组合直接控制输出信号。在画梯形图时应考虑输出线圈的得电条件、失电条件、自锁条件等,注意程序的启动、停止、连续运行,选择输出分支和并行分支。

（3）使用辅助元件和辅助触点。如果无法利用输入信号逻辑组合直接控制输出信号,则需要增加一些辅助元件和辅助触点以建立输出线圈的得电和失电条件。

（4）使用定时器和计数器。如果输出线圈的得电和失电条件中需要定时和计数条件时,则使用定时器和计数器逻辑组合建立输出线圈的得电和失电条件。

(5) 使用互锁和保护。画出各个输出线圈之间的互锁条件,互锁条件可以避免发生互相冲突的动作。保护条件可以在系统出现异常时,使输出线圈的动作保护控制系统生产过程。梯形图程序设计完成以后,需要对程序进行调试和运行。只有经过反复修改,才能使程序不断完善,最终达到控制要求。

## ■ 思考与练习

1. 单按钮双路单双通控制。要求:使用一个按钮控制两盏灯,第一次按下时第一盏灯亮,第二盏灯灭;第二次按下时第一盏灯灭,第二盏灯亮;第三次按下时两盏灯都亮;第四次按下时两盏灯都灭。请用可编程控制器实现其功能。

2. 有两台三相异步电动机 M1 和 M2,要求:

(1) M1 启动后,M2 才能启动;

(2) M1 停止后,M2 延时 30 s 后才能停止;

(3) M2 能点动调整。

试完成 PLC 的 I/O 分配表、接线图,并编写梯形图控制程序。

3. 有一物料传送系统,能够将传送带送过来的物料提升到一定的高度,并自动翻斗卸料,如图 2-58 所示,点动启动按钮,爬斗由电动机 M1 拖动,将物料提升到上限时,由行程开关 SQ1 控制自动翻斗卸料时间,随后反向下降,到达下限 SQ2 位置停留 20 s。料斗下落到 SQ2 位置时,同时启动由电动机 M2 拖动的皮带运输机,向料斗加料,加料工作在 20 s 内完成。20 s 后皮带运输机自动停止工作,料斗又自动上升,如此不断地循环。

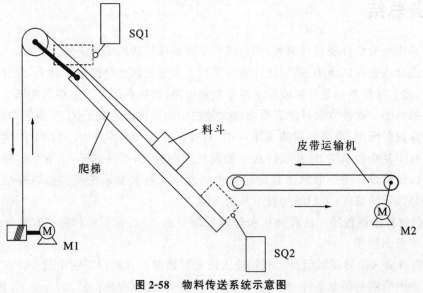

图 2-58  物料传送系统示意图

## 课题三
# PLC 顺序控制法的编程和应用

知识目标

通过学习,你需要

1. 掌握顺序功能图的三种结构;

2. 会根据工艺要求画出单序列顺序功能图、并行序列顺序功能图及选择序列顺序功能图;

3. 利用"启-保-停"电路将顺序功能图改画为梯形图;

4. 理解以转换为中心的梯形图的编程方法;

5. 会根据工艺要求画出用状态继电器表示步的顺序功能图,会利用步进顺控指令将顺序功能图改画为梯形图;

6. 会根据工艺要求画出具有多种工作方式的顺序功能图,会利用步进顺控指令和状态初始化指令等写出完整的梯形图。

技能目标

通过操作,你能够

1. 利用编程软件 GX Developer 编辑梯形图程序;

2. 根据工艺要求完成 PLC 与外接设备元件的连接;

3. 分解程序调试步骤,分步正确调试程序;

4. 根据任务要求用顺序控制法完成 PLC 控制系统程序的编制与调试。

# ◀ 任务一　LED 音乐喷泉的 PLC 控制 ▶

## ■ 任务提出

　　某企业承担了一个 LED 音乐喷泉的控制系统设计任务,音乐喷泉示意图如图 3-1 所示,要求喷泉的 LED 灯按照 1、2→3、4→5→6→7→8 的顺序点亮,每个状态停留 1 s。

　　本任务用 PLC 来控制音乐喷泉的工作,编程采用单序列顺序功能图实现。假设按下启动按钮,LED 灯 1、2 点亮,同时定时器 T0 定时,1 s 后 LED 灯 1、2 熄灭,LED 灯 3、4 点亮,同时定时器 T1 定时……LED 灯 8 点亮 1 s 后返回初始状态,停止运行。

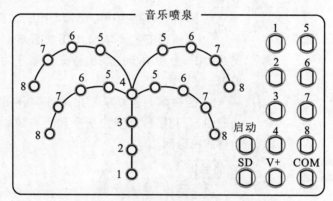

图 3-1　音乐喷泉示意图

## ■ 任务分析

　　为了用 PLC 控制器来实现任务,PLC 需要 1 个输入点、8 个输出点,输入输出点分配如表 3-1 所示。

表 3-1　输入输出点分配

| 器　　件 | 输入软元件 | 作　　用 | 器　　件 | 输出软元件 | 作　　用 |
|---|---|---|---|---|---|
| SB1 | X0 | 启动按钮 | LED1 | Y0 | 灯 1 |
| | | | LED2 | Y1 | 灯 2 |
| | | | LED3 | Y2 | 灯 3 |
| | | | LED4 | Y3 | 灯 4 |
| | | | LED5 | Y4 | 灯 5 |
| | | | LED6 | Y5 | 灯 6 |
| | | | LED7 | Y6 | 灯 7 |
| | | | LED8 | Y7 | 灯 8 |

根据控制要求,画出时序图,如图 3-2 所示,根据 Y000～Y007 的 ON/OFF 状态的变化,音乐喷泉的一个工作周期分为 LED 灯 1 和 2 点亮、LED 灯 3 和 4 点亮、LED 灯 5 点亮、LED 灯 6 点亮、LED 灯 7 点亮、LED 灯 8 点亮 6 步,再加上初始步,一共有 7 步。启动按钮和定时器提供的信号是各步之间的转换条件,由此画出顺序功能图,如图 3-3 所示,与之对应用"启-保-停"电路设计出的梯形图如图 3-4 所示。

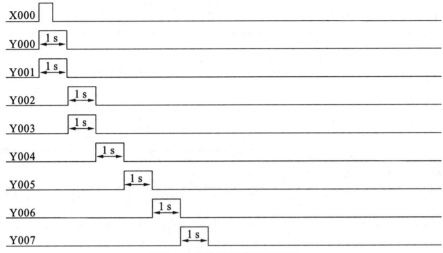

图 3-2　音乐喷泉控制时序图

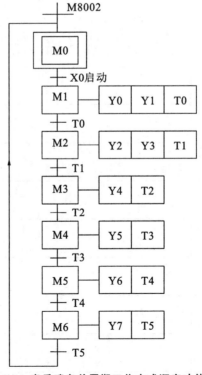

图 3-3　音乐喷泉单周期工作方式顺序功能图

```
        M8002         M1
0      ──┤├──────────┤/├──────────────────────────────( M0 )
        M0
       ──┤├──┐
        M6   T5
       ──┤├──┤├──┘

        M0   X000    M2
7      ──┤├──┤├──┤/├───────────────────────────────( M1 )
        M1
       ──┤├──┘                                      (T0  K10)

                                                    ( Y000 )

                                                    ( Y001 )

        M1   T0     M3
17     ──┤├──┤├──┤/├───────────────────────────────( M2 )
        M2
       ──┤├──┘                                      (T1  K10)

                                                    ( Y002 )

                                                    ( Y003 )

        M2   T1     M4
27     ──┤├──┤├──┤/├───────────────────────────────( M3 )
        M3
       ──┤├──┘                                      (T2  K10)

                                                    ( Y004 )

        M3   T2     M5
36     ──┤├──┤├──┤/├───────────────────────────────( M4 )
        M4
       ──┤├──┘                                      (T3  K10)

                                                    ( Y005 )

        M4   T3     M6
45     ──┤├──┤├──┤/├───────────────────────────────( M5 )
        M5
       ──┤├──┘                                      (T4  K10)

                                                    ( Y006 )
```

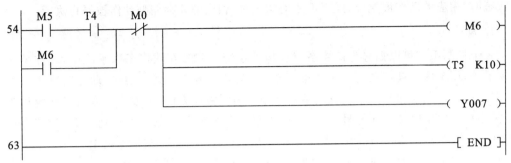

图 3-4　音乐喷泉单周期工作方式梯形图

## ■ 相关知识

### 一、经验设计法与顺序控制设计法

课题二中各梯形图的设计方法采用的是经验设计法,经验设计法没有一套固定的方法步骤可循,具有很大的试探性和随意性,对于不同的控制系统,没有一种通用的容易掌握的设计方法。

顺序控制设计法是一种先进的设计方法,很容易被初学者接受,有经验的工程师使用顺序控制设计法,也会提高设计的效率,程序调试、修改和阅读也更方便。

所谓顺序控制,就是按照生产工艺预先规定的顺序,在各个输入信号的作用下,根据内部状态和时间的顺序,生产过程的各个执行机构自动有序地进行操作。使用顺序控制设计法时首先根据系统的工艺过程,画出顺序功能图,然后根据顺序功能图画出梯形图。

### 二、顺序功能图

顺序功能图就是描述控制系统的控制过程、功能及特性的一种图形,也是设计 PLC 的顺序控制程序的有力工具。顺序功能图由步、有向连线、转换、转换条件和动作(或称命令)五部分组成。

#### 1. 步

顺序控制设计法最基本的思想是将系统的一个工作周期划分为若干个顺序相连的阶段,这些阶段称为步(step),可以用编程元件 M 和 S 来代表各步。这里先介绍用编程元件 M 代表的各步,编程元件 S 在以后的任务中再详细介绍。步是根据输出量的状态变化来划分的,在任何一步之内,各输出量的 ON/OFF 状态不变,但相邻两步输出量总的状态是不同的,步的这种划分使代表各步的编程元件的状态与各输出量的状态之间的逻辑关系更清晰。

1) 初始步

初始步是指与系统的初始状态相对应的步,初始状态一般是系统等待启动指令的相对静止的状态,初始步用双线框表示,一般步用单线框表示,每一个顺序功能图至少应该有一个初始步,如图 3-3 所示的 M0 就是初始步。

2) 活动步

当系统正处于某一步所在的阶段时,该步处于活动状态,称该步为"活动步"。步处于活动状态时,相应的动作被执行;处于不活动状态时,相应的非存储型动作被停止执行。

### 2. 动作

一个控制系统可以划分为被控系统和施控系统,例如,在数控车床系统中,数控装置是施控系统,而车床是被控系统。对于被控系统,在某一步中要完成某些"动作";对于施控系统,在某一步中则要向被控系统发出某些命令。为了叙述方便,下面将命令或动作统称为动作,并用矩形框中的文字或符号表示,该矩形框应与相应的步的符号相连。例如,在本任务的顺序功能图中,当 M3 为活动步时,完成动作——Y004 和 T2 的线圈通电。一个步可以有多个动作,也可以没有任何动作。如果某一步有多个动作,可以用图 3-5 中的两种画法来表示。

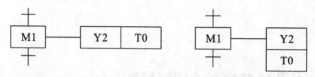

图 3-5　一个步有多个动作的顺序功能图的两种画法

### 3. 有向连线

在画顺序功能图时,将代表各步的方框按它们成为活动步的先后次序顺序排列,并用有向连线将它们连接起来。步的活动状态习惯的进展方向是从上到下、从左到右,在这两个方向有向连线上的箭头可以省略。如果不是上述方向,应在有向连线上用箭头表明进展方向。如图 3-3 所示,步 M6 转换到步 M0 使用了有向连线,其上的箭头表明了进展方向。在可以省略箭头的有向连线上,为了更易于理解也可以加箭头。

### 4. 转换

转换用有向连线上与有向连线垂直的短划线来表示,转换将相邻两步分隔开。步的活动状态的进展是由转换的实现来完成的,并与控制过程的发展相对应。

### 5. 转换条件

转换条件可以用文字语言、布尔代数表达式或图形符号标注在表示转换的短线旁边,使用得最多的是布尔代数表达式,如图 3-6 所示。

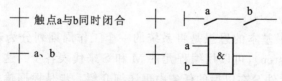

图 3-6　转换与转换条件

步与步之间实现转换应该同时满足两个条件:前级步必须是活动步,对应的转换条件成立。转换实现时完成了两个操作:一是使所有由有向连线与相应转换符号相连的后续步都变为活动步,一是使所有由有向连线与相应转换符号相连的前级步都变为不活动步。例如,在本任务中,当 M1 为活动步时(或者说 M1 为 ON),控制时间 T0 作为条件,当控制时间到时,转换条件成立,则可进行转换,步 M2 变为活动步,同时 M1 变为不活动步。M2 变为活动步,则完成相应的动作,即 Y002、Y003 和 T1 线圈变为 ON;不活动步 M1 则结束相应动作,即 Y000、Y001 和 T0 线圈为 OFF。

**6. 绘制顺序功能图时的注意事项**

（1）两个步之间必须用一个转换隔开，两个步绝对不能直接相连。

（2）两个转换之间必须用一个步隔开，两个转换也不能直接相连。

（3）顺序功能图中的初始步一般对应于系统等待启动的初始状态，初始步是必不可少的。一方面因为该步与它的相邻步相比，从总体上讲，输出变量的状态各不相同；另一方面，如果没有该步，则无法表示初始状态，系统也无法返回停止状态。

（4）自动控制系统应能多次重复执行同一工艺过程，因此在顺序功能图中一般应有由步和有向连线组成的闭环，即在完成一次工艺过程的全部操作之后，应从最后一步返回初始步，系统停留在初始状态单周期工作，如图3-3所示；在连续循环工作方式时，则从最后一步返回下一工作周期开始运行的第一步，如图3-7所示。此时，音乐喷泉完成的任务可以叙述为：喷泉的LED灯按照1、2→3、4→5→6→7→8的顺序循环点亮，每个状态停留1 s。

（5）在顺序功能图中，只有当某一步的前级步是活动步时，该步才有可能变成活动步。如果用没有断电保持功能的编程元件代表各步（本任务中代表各步的M0～M6），进入RUN工作方式时，它们均处于OFF状态，必须用初始化脉冲M8002的常开触点作为转换条件，将初始步预置为活动步，否则因顺序功能图中没有活动步，系统将无法工作。

（6）顺序功能图是用来描述自动工作过程的，如果系统有自动、手动两种工作方式，这时还应在系统由手动工作方式进入自动工作方式时，用一个适当的信号将初始步置为活动步。

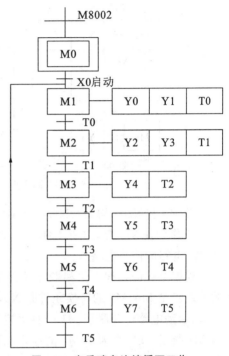

图3-7 音乐喷泉连续循环工作方式顺序功能图

（7）顺序功能图有单序列、选择序列和并行序列三种基本结构，图3-3与图3-7所示为单序列，它由一系列相继激活的步组成，每一步后面仅有一个转换，每一个转换的后面只有一个步。选择序列和并行序列在之后的任务中再详细说明。

# 三、用顺序功能图画出梯形图——"启-保-停"电路

有些PLC编程软件为用户提供了顺序功能图（SFC）语言，在编程软件中生成顺序功能图后便完成了编程工作。用户也可以自行将顺序功能图改画为梯形图，方法有很多种，先介绍利用"启-保-停"电路由顺序功能图画出梯形图的方法。"启-保-停"电路仅仅使用与触点和线圈有关的指令，任何一种PLC的指令系统都有这一类指令，因此，这是一种通用编程方法，可以用于任意型号的PLC。

利用"启-保-停"电路由顺序功能图画出梯形图，要从步的处理和输出电路两方面考虑。

**1. 步的处理**

用辅助继电器M来代表步，某一步为活动步时，对应的辅助继电器为ON，某一转换实

现时,该转换的后续步变为活动步,前级步变为不活动步。如图 3-8 所示的步 M2、M3、M4 是顺序功能图中顺序相连的 3 步,X002 是步 M3 之前的转换条件。设计"启-保-停"电路的关键是找出它的启动条件和停止条件。转换实现的条件是它的前级步为活动步,并且满足相应的转换条件。所以步 M3 变为活动步的条件是它的前级步 M2 为活动步,并且转换条件 X002＝1。因此,在"启-保-停"电路中,应将前级步 M2 和转换条件 X002 对应的常开触点串联,作为控制 M3 的"启动"电路。

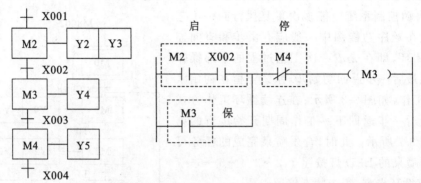

图 3-8 用"启-保-停"电路控制步

当 M3 和 X003 均为 ON 时,步 M4 变为活动步,这时步 M3 应变为不活动步,因此,可将 M4＝1 作为使 M3 变为 OFF 的条件,即将后续步 M4 的常闭触点与 M3 线圈串联,作为"启-保-停"电路的停止电路。

根据上述的编程方法和顺序功能图,很容易画出梯形图。以图 3-3 中步 M1 为例,M1 的前级步是 M0,M1 的转换条件是 X0,所以 M1 的启动电路是由 M0 和 X0 的常开触点串联而成,启动电路还并联了 M1 的自保持触点。步 M1 的后续步是步 M2,所以 M2 的常闭触点与 M1 线圈串联,作为步 M1 的停止电路,M2 线圈得电时,其常闭触点断开,使 M1 的线圈断电。再以步 M0 为例,有两种方式使 M0 变为活动步:M8002 为 ON 时,或者 M6 为活动步且转换条件 T5 为 ON 时。所以 M0 的启动电路由前级 M6 和 T5 的常开触点串联再与 M8002 的常开触点并联而成,启动电路中并联的 M0 的常开触点是自保持触点。M0 作为步 M6 的后续步,将 M0 的常闭触点与 M6 线圈串联,作为 M6 的停止电路。

在顺序功能图中有多少步,在梯形图中就有多少个驱动步的"启-保-停"电路。例如,在图 3-3 中有 7 步,由此设计的梯形图(见图 3-4)就有 7 个"启-保-停"电路。梯形图中的关键在于"启"和"停"的设计,特别是"启"的条件有多个时,千万不要遗漏了某一个,一定要把每一个"启"的条件相并联再与"保"的常开触点并联。

**2. 输出电路**

下面介绍设计梯形图的输出电路的方法。由于步是根据输出变量的状态变化来划分的,它们之间的关系很简单,可以分为两种情况来处理:

(1)某一输出量仅在某一步中为 ON,可以将它们的线圈分别与对应的辅助继电器线圈并联。本任务中输出量 Y000～Y007、T0～T5 都仅在某一步中为 ON,所以将它们的线圈分别与对应步的辅助继电器线圈并联,如图 3-4 所示。

(2)某一输出继电器在几步中都为 ON,应将代表各有关步的辅助继电器的常开触点并联后驱动该输出继电器线圈。(见本课题任务二)

## 任务实施

1. 按照图 3-9 所示接线图连接 PLC 控制电路,检查线路的正确性,确保无误。

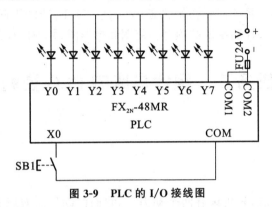

图 3-9  PLC 的 I/O 接线图

2. 输入图 3-4 所示的梯形图或指令表,进行程序调试,检查是否实现了控制功能。

## 任务总结

1. 通过这节内容的学习,总结一下如何绘制顺序功能图。
2. 如何将单序列顺序功能图改画为"启-保-停"电路的梯形图。

## 思考与练习

1. 将图 3-7 所示音乐喷泉连续循环工作方式顺序功能图改画为"启-保-停"电路的梯形图。

2. 某企业承担了一个 3 节传送带装置的设计任务。系统由传动电动机 M1、M2、M3 完成物料的运送功能。控制要求如下:

闭合"启动"开关,首先启动最末一条传送带(电动机 M3),每经过 2 s 延时,依次启动一条传送带(电动机 M2、M1)。

关闭"启动"开关,先停止最前一条传送带(电动机 M1),每经过 2 s 延时,依次停止一条传送带(电动机 M2、M3)。

请根据控制要求用可编程控制器设计其控制系统并调试,编程采用单序列顺序功能图实现。

3. 设计图 3-10 要求的输入输出关系的顺序功能图和梯形图,并调试程序。

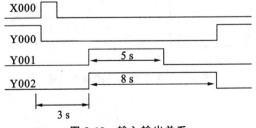

图 3-10  输入输出关系

4. 初始状态时某压力机的冲压头停在上面,上限位开关 X002 为 ON,按下启动按钮 X000,输出继电器 Y000 控制的电磁阀线圈通电,冲压头下行。压到工件后(下限位开关 X003 为 ON)压力升高,压力继电器动作,Y002 为 ON,使输入继电器 X001 变为 ON,用 T0 保压 5 秒后,Y000 为 OFF,Y001 为 ON,上行继电器线圈通电,冲压头上行。返回初始位置 时碰到上限位开关 X002,系统回到初始状态,Y001 为 OFF,冲压头停止上行。画出实现此 功能的 PLC 外部接线图、控制系统的顺序功能图和梯形图,并调试程序。

# ◀ 任务二 组合机床的 PLC 控制 ▶

## ■ 任务提出

设计一组合机床,该组合机床有两个动力头,它们的动作由液压电磁阀控制,工作时需 要同时完成两套动作,其动作过程及对应执行元件的状态如图 3-11 所示。图中 SQ0~SQ5 为行程开关,YV1~YV7 为液压电磁阀。控制要求如下:

(1) 当动力头在原位时(SQ0 处),按下启动按钮后,两动力头同时启动,分别执行各自 的动作。

(2) 当 1 号动力头到达 SQ5 处且 2 号动力头到达 SQ4 处时,两动力头同时转入快退。

(3) 两动力头退回原位后,系统停止。

| 动作 | 执行元件 | | | |
|---|---|---|---|---|
| | YV1<br>(Y1) | YV2<br>(Y2) | YV3<br>(Y3) | YV4<br>(Y4) |
| 快进 | 0 | 1 | 1 | 0 |
| 工进Ⅰ | 1 | 1 | 0 | 0 |
| 工进Ⅱ | 0 | 1 | 1 | 1 |
| 快退 | 1 | 0 | 1 | 0 |

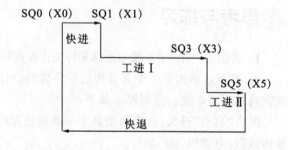

(a)1 号动力头

| 动作 | 执行元件 | | |
|---|---|---|---|
| | YV5<br>(Y5) | YV6<br>(Y6) | YV7<br>(Y7) |
| 快进 | 1 | 1 | 0 |
| 工进Ⅰ | 1 | 0 | 1 |
| 快退 | 0 | 1 | 1 |

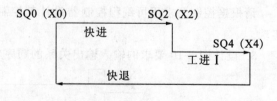

(b)2 号动力头

图 3-11 两个动力头的动作过程

## 任务分析

为了用 PLC 控制器来实现任务,从任务要求可以看出,1 号动力头的动作是液压电磁阀线圈 YV1～YV4 控制,2 号动力头的动作是液压电磁阀线圈 YV5～YV7 控制,而每个动作的转换条件是 SQ0～SQ5。因此,PLC 需要 7 个输入点、7 个输出点,输入输出点分配如表 3-2 所示。

表 3-2  输入输出点分配

| 器  件 | 输入软元件 | 作  用 | 器  件 | 输出软元件 | 作  用 |
|---|---|---|---|---|---|
| SQ0 | X0 | 限位开关 | YV1 | Y1 | 液压电磁阀线圈 |
| SQ1 | X1 | 限位开关 | YV2 | Y2 | 液压电磁阀线圈 |
| SQ2 | X2 | 限位开关 | YV3 | Y3 | 液压电磁阀线圈 |
| SQ3 | X3 | 限位开关 | YV4 | Y4 | 液压电磁阀线圈 |
| SQ4 | X4 | 限位开关 | YV5 | Y5 | 液压电磁阀线圈 |
| SQ5 | X5 | 限位开关 | YV6 | Y6 | 液压电磁阀线圈 |
| SB1 | X10 | 启动按钮 | YV7 | Y7 | 液压电磁阀线圈 |

根据控制要求,1 号动力头的一个工作周期分为 4 步,分别为快进、工进Ⅰ、工进Ⅱ和快退,用 M1～M4 表示。2 号动力头的一个工作周期分为 3 步,分别为快进、工进Ⅰ和快退,用 M5～M7 表示。再加上初始步 M0,一共由 8 步构成。各按钮和限位开关提供的信号是各步之间的转换条件。由此画出顺序功能图,如图 3-12 所示,由"启-保-停"电路设计出的梯形图如图 3-13 所示。

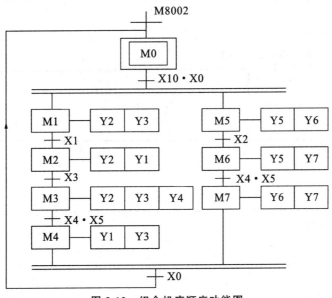

图 3-12  组合机床顺序功能图

```
        M8002                    M1
 0      ─┤ ├──┬──────────────────┤/├──────────────────────────( M0 )
        M0    │
        ─┤ ├──┤
        M7    │  M4     X000
        ─┤ ├──┘ ─┤ ├───┤ ├─

        M0    X000   X010    M2
 8      ─┤ ├──┤ ├────┤ ├─────┤/├──────────────────────────────( M1 )
        M1    │
        ─┤ ├──┘

        M1    X001   M3
14      ─┤ ├──┤ ├────┤/├─────────────────────────────────────( M2 )
        M2    │
        ─┤ ├──┘

        M2    X003   M4
19      ─┤ ├──┤ ├────┤/├─────────────────────────────────────( M3 )
        M3    │
        ─┤ ├──┘

        M3    X004   X005   M0
24      ─┤ ├──┤ ├────┤ ├────┤/├─────────────────────────────( M4 )
        M4    │
        ─┤ ├──┘

        M0    X000   X010   M6
30      ─┤ ├──┤ ├────┤ ├────┤/├─────────────────────────────( M5 )
        M5    │
        ─┤ ├──┘

        M5    X002   M7
36      ─┤ ├──┤ ├────┤/├─────────────────────────────────────( M6 )
        M6    │
        ─┤ ├──┘

        M6    X004   X005   M0
41      ─┤ ├──┤ ├────┤ ├────┤/├─────────────────────────────( M7 )
        M7    │
        ─┤ ├──┘

        M2
47      ─┤ ├──┬──────────────────────────────────────────────( Y001 )
        M4    │
        ─┤ ├──┘

        M1
50      ─┤ ├──┬──────────────────────────────────────────────( Y002 )
        M2    │
        ─┤ ├──┤
        M3    │
        ─┤ ├──┘
```

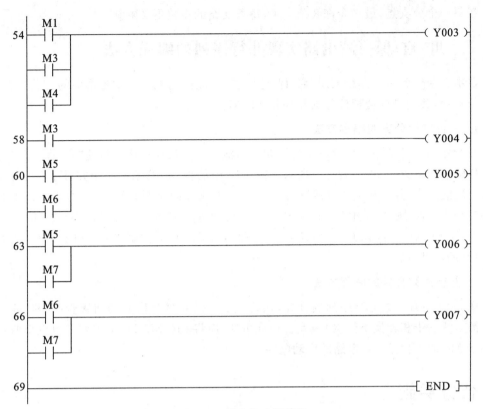

图 3-13　组合机床梯形图

## 相关知识

### 一、并行序列

　　当转换的实现导致几个序列同时激活时,这些序列称为并行序列,并行序列的开始称为分支,如图3-14所示,当步3是活动步,并且转换条件c=1,步4和步7这两步同时变为活动步,同时步3变为不活动步。为了强调转换的同步实现,水平连线用双线表示。步4和步7被同时激活后,每个序列中活动步的进展将是独立的。并行序列用来表示系统的几个同时工作的独立部分的工作情况。转换符号和转换条件写在表示同步的水平双线之上,且只允许有一个转换符号。

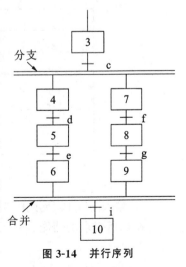

图 3-14　并行序列

　　并行序列的结束称为合并。转换符号和转换条件写在表示同步的水平双线之下,且只允许有一个转换符号。当直接连在双线上的所有前级步(步6和步9)都处于活动状态,并且转换条件i=1时,才会发生步6、步9到步10的进展,即步6、步9同时变为不活动步,而步10变为活动步。

在每一个分支点,最多允许 8 条支路,每条支路的步数不受限制。

## 二、用"启-保-停"电路实现并行序列的编程方法

在本课题任务一中介绍的用"启-保-停"电路由顺序功能图画出梯形图的方法在并行序列中仍适用,关键是要处理好分支和合并处的编程。

### 1. 并行序列分支的编程方法

并行序列中各单序列的第一步应同时变为活动步。对控制这些步的"启-保-停"电路使用同样的启动电路,可以实现这一要求。图 3-12 中的步 M0 之后有一个并行序列的分支,当步 M0 为活动步,并且转换条件成立时,步 M1 和步 M5 同时变为活动步,即步 M1 和步 M5 应同时变为 ON,图 3-13 中步 M1 和步 M5 的启动电路相同,都为逻辑关系式 M0·X10·X0＝1,由此可知,应将 M0、X0 和 X10 的常开触点串联,作为控制步 M1 和步 M5 的"启-保-停"电路的启动电路。

### 2. 并行序列合并的编程方法

图 3-13 中有一个并行序列的合并,该转换实现的条件是所有的前级步(即步 M4 和步 M7)都是活动步和转换条件 X0 满足。由此可知,应将 M4、M7 和 X0 的常开触点串联,作为控制步 M0 的"启-保-停"电路的启动电路。

## ■ 任务实施

1. 将一个模拟按钮的常开触点和六个限位开关分别接到 PLC 的 X10 和 X0～X5(见图 3-15 的输入部分),并将 7 个液压阀线圈分别接到 PLC 的 Y1～Y7(见图 3-15 的输出部分),连接 PLC 电源。检查线路正确性,确保无误。

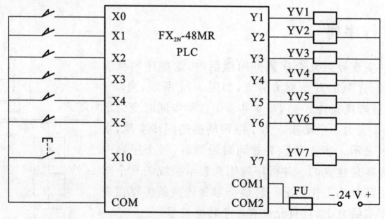

图 3-15　PLC 的 I/O 接线图

2. 输入图 3-13 所示的梯形图,进行程序调试,调试时要注意动作顺序,检查是否完成了组合机床所要求的功能。

## 任务总结

1. 通过这节内容的学习,总结一下如何绘制并行序列顺序功能图。
2. 如何将并行序列顺序功能图改画为"启-保-停"电路的梯形图。

## 思考与练习

1. 设计图 3-16 所示的顺序功能图的梯形图程序,并调试。
2. 指出图 3-17 所示顺序功能图中的错误。

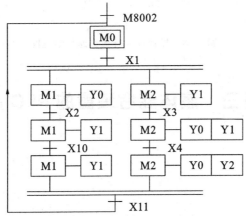

图 3-16　并行序列顺序功能图

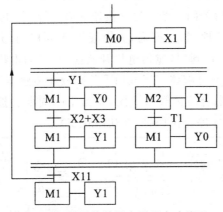

图 3-17　错误的并行序列顺序功能图

3. 在道路交通管理上有许多按钮式人行道交通灯,如图 3-18 所示,正常情况下,汽车通行,即 Y3 绿灯亮,Y5 红灯亮;当行人想过马路,就按按钮,当按下按钮 X0(或 X1)之后,主干道交通灯从绿(5 s)→绿闪(3 s)→黄(3 s)→红(20 s),当主干道红灯亮时,人行道从红灯亮转为绿灯亮,15 s 以后,人行道绿灯开始闪烁,闪烁 5 s 后转入主干道绿灯亮,人行道红灯亮。请利用 PLC 控制按钮式人行道交通灯,用并行序列的顺序功能图编程。(提示:交通灯的闪烁可以用周期为 1 s 的时钟脉冲 M8013 的触点实现。)

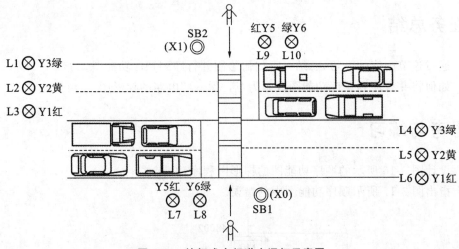

图 3-18　按钮式人行道交通灯示意图

# 任务三　液体混合装置的 PLC 控制

## 任务提出

完成一个用 PLC 控制的液体混合装置控制系统,实现液体 A 与液体 B 按一定比例混合的控制,控制要求如图 3-19 所示:初始状态装置投入运行时,液体 A、B 阀门关闭,混合液体阀门打开 10 s 将容器放空后关闭。按下启动按钮 SB1,液体 A 阀门打开,液体 A 流入容器,当液面到达液面传感器 SL2 时,SL2 接通,关闭液体 A 阀门,打开液体 B 阀门,液面到达液面传感器 SL1 时,关闭液体 B 阀门,搅匀电机开始搅匀,搅匀电机工作 15 s 后停止搅动,混合液体阀门打开,开始放出混合液体。当液面下降到液面传感器 SL3 时,SL3 由接通变为断开,再过 5 s 后,容器放空,混合液体阀门关闭,开始下一周期。按下停止按钮 SB2 后,在当前的混合操作处理完毕后,才停止操作(停在初始状态)。

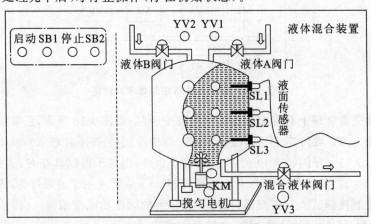

图 3-19　液体混合装置示意图

## 任务分析

为了用PLC控制器来实现任务,PLC需要5个输入点、4个输出点,输入输出点分配如表3-3所示。

表3-3 输入输出点分配

| 器 件 | 输入软元件 | 作 用 | 器 件 | 输出软元件 | 作 用 |
|---|---|---|---|---|---|
| SB1 | X0 | 启动按钮 | YV1 | Y0 | 电磁阀线圈 |
| SL1 | X1 | 液面传感器 | YV2 | Y1 | 电磁阀线圈 |
| SL2 | X2 | 液面传感器 | KM | Y2 | 搅匀电机M |
| SL3 | X3 | 液面传感器 | YV3 | Y3 | 电磁阀线圈 |
| SB2 | X4 | 停止按钮 | | | |

由输入输出点的分配表画出PLC的外部接线图,如图3-20所示。液体混合装置的一个工作周期可分为液体A流入、液体B流入、搅拌混合液体、放出混合液体、放空液体5步,再加上初始状态,一共6步。液面传感器、按钮和定时器提供的信号是各步之间的转换条件,由此画出的顺序功能图如图3-21所示,用M0表示初始步,分别用M1~M5表示液体A流入容器、液体B流入容器、搅拌混合液体、放出混合液体和放空液体。图3-21是选择序列的顺序功能图,用"启-保-停"电路设计的梯形图如图3-22所示。

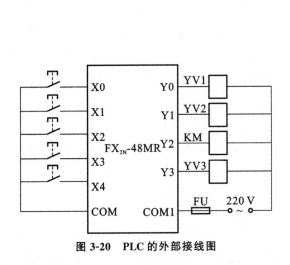

图3-20 PLC的外部接线图

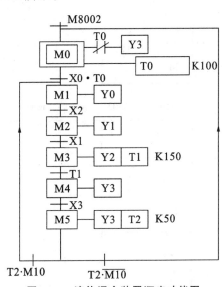

图3-21 液体混合装置顺序功能图

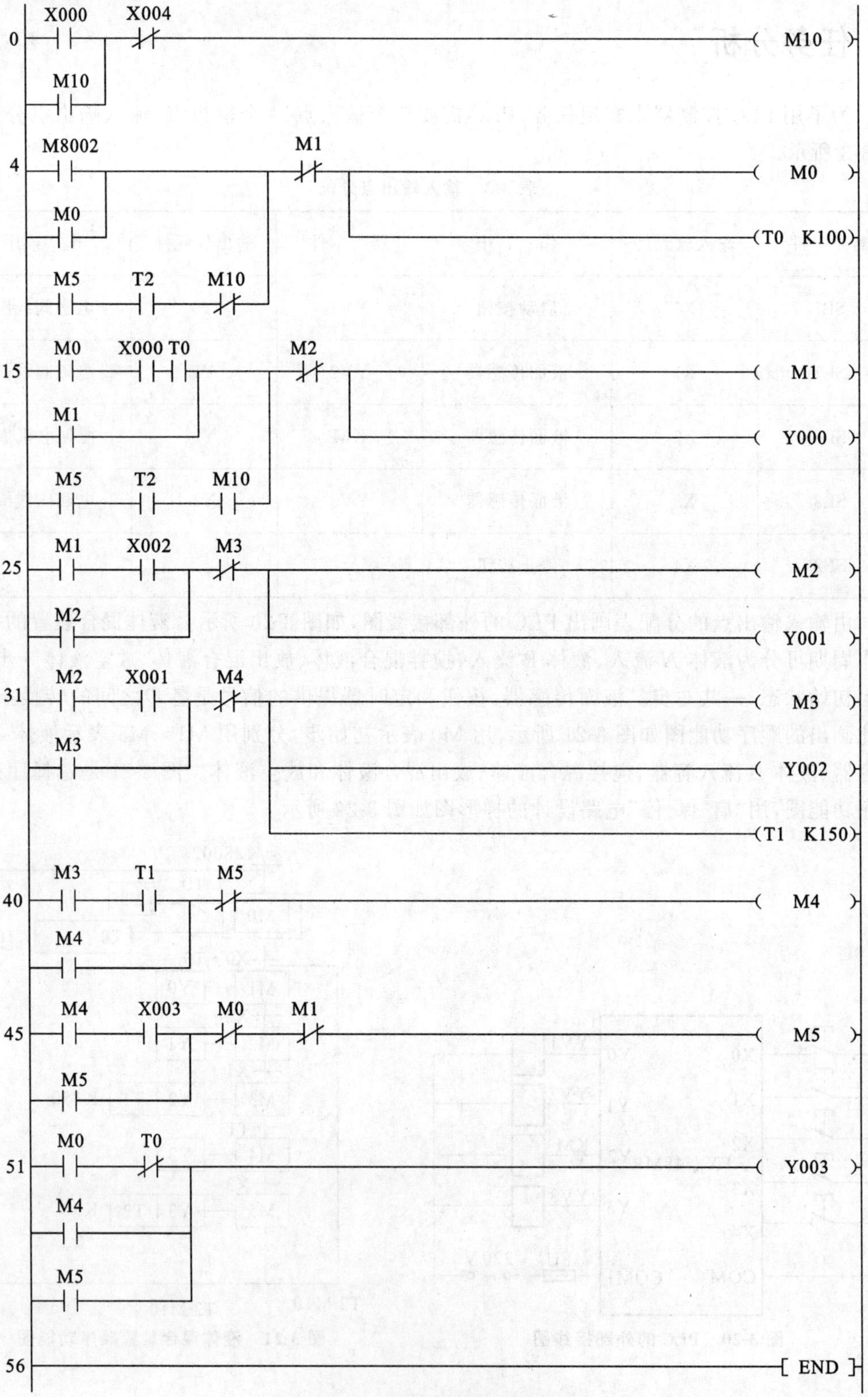

图 3-22 液体混合装置梯形图

# 相关知识

### 1. 选择序列分支的编程方法

如果某一步的后面有一个由 $N$ 条分支组成的选择序列,该步可能转换到不同的 $N$ 步去,应将这 $N$ 个后续步对应的辅助继电器的常闭触点与该步的线圈串联,作为结束该步的条件。如图 3-23 中步 M3 之后有一个选择序列的分支,M4 的启动条件是它的前级步 M3 是活动步,并且转换条件 h 满足时,M4 变为活动步;M7 的启动条件是它的前级步 M3 是活动步,并且转换条件 k 满足时,M7 变为活动步;当 M3 的后续步 M4 或者 M7 变为活动步时,M3 应变为不活动步。所以需将 M4 和 M7 的常闭触点串联作为步 M4 的停止条件。

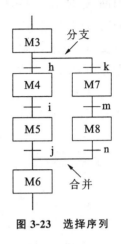

图 3-23 选择序列

### 2. 选择序列合并的编程方法

对于选择序列的合并,如果某一步之前有 $N$ 个转换(即有 $N$ 条分支在该步之前合并后进入该步),则代表该步的辅助继电器的启动电路由 $N$ 条支路并联而成,各支路由某一前级步对应的辅助继电器的常开触点与相应转换条件对应的触点或电路串联而成。如图 3-23 中以步 M6 为例,对应的启动电路由两条并联支路组成,每条支路分别由 M5、j 和 M8、n 的常开触点串联而成,而 M5 和 M8 的停止条件均是将 M6 的常闭触点串联在电路中。

### 3. 顺序控制设计法中停止的处理

在任务要求中,停止按钮 X4 的按下并不是按顺序进行的,在任何时候都可能按下停止按钮,而且不管什么时候按下停止按钮,都要等到当前工作周期结束后才能响应停止操作。所以停止按钮 X4 的操作不能在顺序功能图中直接反映出来,可以用 M10 间接表示出来。每一个工作周期结束后,再根据 M10 的状态决定进入下一周期还是返回到初始状态。从梯形图可看出,M10 用启动按钮 X0、停止按钮 X4 来控制,按下启动按钮 X0,M10 变为 ON 并保持,执行循环操作,按下停止按钮 X4,M10 变为 OFF 状态,执行单周期操作。在工作周期内任何时刻按下停止按钮 X4,系统不会马上返回初始步,因为 M10 是步 M5 的转换条件之一,因此当当前工作周期结束步 M5 为活动步,且转换条件 $T2 \cdot \overline{M10} = 1$ 时,才能响应停止操作,系统返回初始步;在工作周期内未按下停止按钮 X4,M10 为 ON,当当前工作周期结束步 M5 为活动步,且转换条件 $T2 \cdot M10 = 1$ 时,才能响应循环操作。

# 任务实施

1. 将 5 个模拟按钮开关的常开触点分别接到 PLC 的 X0～X4(如图 3-20 所示的输入部分),并连接 PLC 电源。检查电路正确性,确保无误。

2. 输入图 3-22 所示的梯形图,进行程序调试,调试时要注意动作顺序,运行后先按下

X0（模拟启动），再依次合上 X3（模拟液面传感器 SL3）、X2（模拟液面传感器 SL2）、X1（模拟液面传感器 SL1），模拟液体进入容器内，依次到达 SL3、SL2、SL1 液面传感器位置，等待一段时间（超过 15 s）后，依次断开 X1（模拟液面传感器 SL1）、X2（模拟液面传感器 SL2）、X3（模拟液面传感器 SL3），模拟液体放出，依次离开 SL1、SL2、SL3 液面传感器位置。每次操作都要监控观察各输出（Y0～Y3）和相关定时器（T1～T2）的变化，检查是否完成了液体混合装置所要求的液体混合功能。

3. 继续调试程序，在调试过程中的任何时候（例如合下 X1 后）按下 X4，观察停止功能是否在当前工作周期结束后才能响应停止操作，返回初始步。

## ■ 任务总结

1. 通过这节内容的学习，总结一下如何绘制选择序列顺序功能图。

2. 如何将选择序列顺序功能图改画为"启-保-停"电路的梯形图。

3. 当 M10 用启动按钮 X0、停止按钮 X4 来控制，按下启动按钮 X0，M10 变为 ON 并保持，按下停止按钮 X4，M10 变为 OFF 状态时，图 3-21 所示的顺序功能图与图 3-22 所示的梯形图需要如何修改。

## ■ 思考与练习

1. 为本课题任务一中设计的电路增加停止功能，画出顺序功能图和梯形图。

2. 某企业承担了一个运料小车控制系统设计任务，如图 3-24 所示。其控制要求如下：循环过程开始时，小车处于最左端；按下启动按钮，装料电磁阀 YA1 得电，延时 20 秒后，装料结束，接触器 KM3、KM5 得电，向右快行；碰到限位开关 SQ2 后，KM5 失电，小车慢行；碰到限位开关 SQ4 时，KM3 失电，小车停，电磁阀 YA2 得电，卸料开始，延时 15 秒，卸料结束后，KM4、KM5 得电，小车向左快行；碰到限位开关 SQ1，KM5 失电，小车慢行；碰到限位开关 SQ3，KM4 失电，小车停，装料开始，如此周而复始；按下停止按钮，小车完成当前周期后停止在最左端，系统停止工作。请用可编程控制器实现其功能并调试。

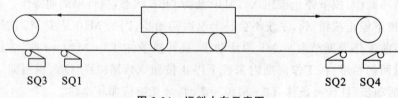

图 3-24 运料小车示意图

## ◀ 任务四 自动门的 PLC 控制 ▶

## ■ 任务提出

许多公共场所的门口都有自动门,如图3-25所示。人靠近自动门时,红外感应器X0为ON,Y0驱动电机高速开门,碰到开门减速开关X1时,变为低速开门,碰到开门极限开关X2时电机停转,开始延时。若在0.5 s内红外感应器检测到无人,Y2启动电机高速关门。碰到关门减速开关X3时,改为低速关门,碰到关门极限开关X4时电机停转。在关门期间若红外感应器检测到有人,停止关门,T1延时0.5 s后自动转换为高速开门。本任务利用PLC控制自动门,用选择序列的顺序功能图编程。

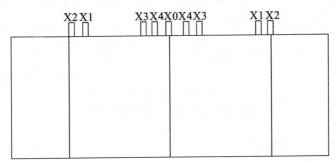

图3-25 自动门控制示意图

## ■ 任务分析

为了用PLC控制器来实现自动门控制系统,PLC需要5个输入点、4个输出点,输入输出点分配如表3-4所示。

表3-4 输入输出点分配

| 输入软元件 | 作 用 | 输出软元件 | 作 用 |
| --- | --- | --- | --- |
| X0 | 红外感应器 | Y0 | 电机高速开门 |
| X1 | 开门减速开关 | Y1 | 电机低速开门 |
| X2 | 开门极限开关 | Y2 | 电机高速关门 |
| X3 | 关门减速开关 | Y3 | 电机低速关门 |
| X4 | 关门极限开关 | | |

图3-26(a)所示是自动门控制系统在关门期间无人要求进出时的时序图,图3-26(b)所示是自动门控制系统在关门期间有人要求进出时的时序图。从时序图中可以看到自动门在

关门时有两种选择:关门期间无人要求进出时继续完成关门动作;如果关门期间有人要求进出,则暂停关门动作,开门让人进出后再关门。所以,要设计选择序列的顺序功能图,如图3-27所示,由此设计的梯形图如图3-28所示。

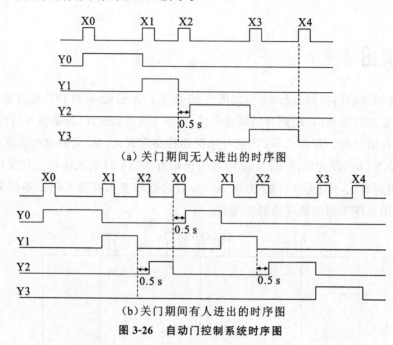

(a) 关门期间无人进出的时序图

(b) 关门期间有人进出的时序图

图 3-26　自动门控制系统时序图

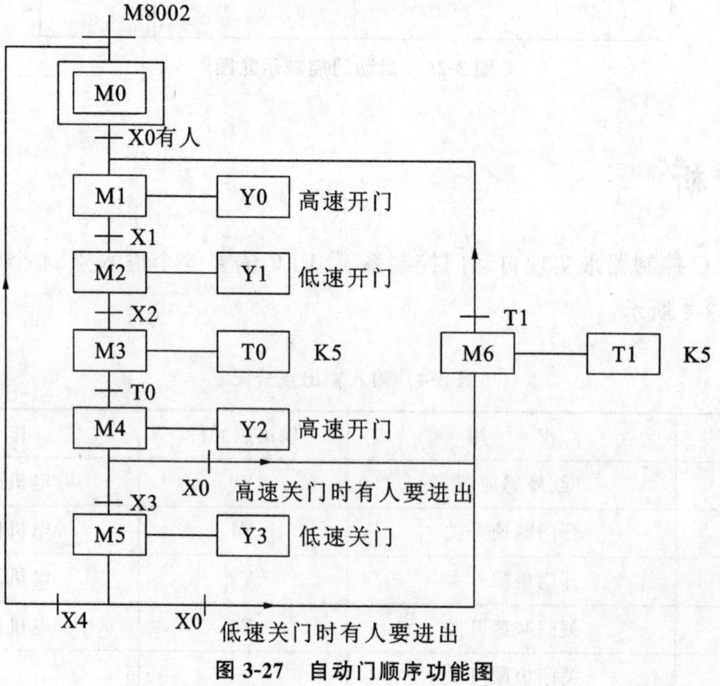

图 3-27　自动门顺序功能图

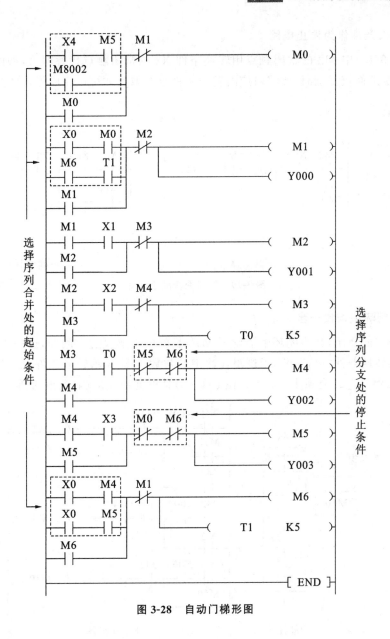

图 3-28　自动门梯形图

# 相关知识

## 一、仅有两步的闭环的处理

若图 3-29(a)所示的顺序功能图用"启-保-停"电路设计,那么步 M3 的梯形图如图 3-29 (b)所示,可以发现,由于 M2 的常开触点和常闭触点串联,它是不能正常工作的。这种顺序功能图的特征是:仅由两步组成小闭环。在 M2 和 X2 均为 ON 时,M3 的启动电路接通,但是这时与它串联的 M2 的常闭触点却是断开的,所以 M3 的线圈不能通电。出现上述问题的根本原因在于步 M2 既是步 M3 的前级步,又是它的后续步。解决的方法有两种。

**1. 以转换条件作为停止电路**

将图 3-29（b）中 M2 的常闭触点用转换条件 X3 的常闭触点代替即可，如图 3-29（c）所示。如果转换条件较复杂时，要将对应的转换条件整个取反才可以完成停止电路。

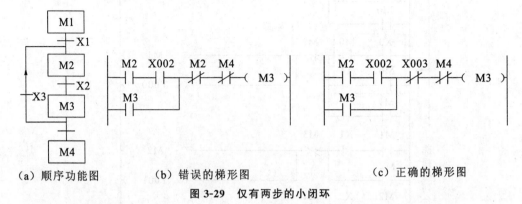

（a）顺序功能图　　　（b）错误的梯形图　　　（c）正确的梯形图

图 3-29　仅有两步的小闭环

**2. 在小闭环中增设一步**

如图 3-30（a）所示，在小闭环中增设了 M10 步就可以解决这一问题，这一步没有什么操作，它后面的转换条件"＝1"相当于逻辑代数中的常数 1，即表示转换条件总是满足的，只要进入步 M10，将马上转换到步 M2 去。图 3-30（b）是根据图 3-30（a）画出的梯形图。

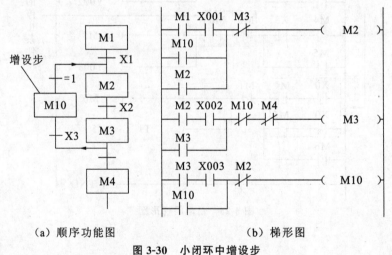

（a）顺序功能图　　　　　　　（b）梯形图

图 3-30　小闭环中增设步

## 二、以转换为中心的编程方式

图 3-31 所示为以转换为中心的编程方式设计的梯形图与顺序功能图的对应关系。图中要实现 M$i$ 对应的转换必须同时满足两个条件：前级步为活动步和转换条件满足（X$i$＝1）。用 M($i$−1）和 X$i$ 的常开触点串联组成的电路来表示上述条件。两个条件同时满足时，该电路接通。此时应完成两个操作：将后续步变为活动步（用"SET M$i$"指令将 M$i$ 置位）和将前级步变为不活动步（用"RST M($i$−1）"指令将 M($i$−1）复位）。这种编程方式与转换实现的基本规则之间有着严格的对应关系，用它编制复杂的顺序功能图的梯形图时，更能显示

出它的优越性。不同序列的编程,只需对照顺序功能图的工作原理和流程图即可。

图 3-32 所示是对图 3-27 采用以转换为中心的编程方法设计的梯形图。

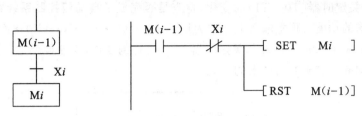

图 3-31　以转换为中心的编程方式

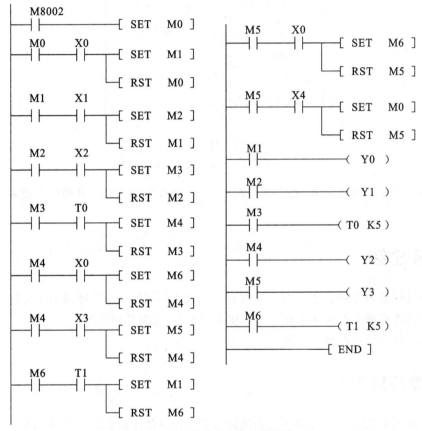

图 3-32　以转换为中心的梯形图

## 任务实施

1. 将 5 个模拟红外感应器和限位开关的按钮的常开触点分别接到 PLC 的 X0～X4,如图 3-33 所示,并连接 PLC 电源。检查电路的正确性,确保无误。

2. 输入图 3-28 所示的梯形图,进行程序调试,调试时要注意动作顺序,运行后先按下 X0(模拟有人),再依次按下 X1～X4,每次操作都要监控观察各输出(Y0～Y3)和相关定时器(T0～T1)的变化,检查是否完成了自动门控制系统在关门期间无人进出时所要求的功能。

3. 继续调试程序,顺序按下 X0→X1→X2→X0→X1→X2→X3→X4,监控观察各输出 (Y0～Y3)和相关定时器(T0～T1)的变化,检查是否完成了自动门控制系统在关门期间有人进出时所要求的功能。再把输入顺序改为按下 X0→X1→X2→X3→X0→X1→X2→X3→X4,监控观察各输出(Y0～Y3)和相关定时器(T0～T1)的变化,检查是否完成了自动门控制系统在关门期间有人进出时所要求的功能。

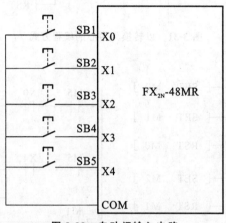

图 3-33　自动门输入电路

4. 输入图 3-32 所示的梯形图,进行程序调试,检查是否完成了自动门控制系统所要求的功能。

## ▌ 任务总结

1. 通过这节内容的学习,总结一下根据工艺要求如何绘制选择序列顺序功能图。
2. 如何将选择序列顺序功能图改画为"启-保-停"电路的梯形图。
3. 总结仅有两步的闭环处理。

## ▌ 思考与练习

1. 将电动机正反转 Y-△降压启动电路用顺序控制设计法来设计,并进行程序调试。

2. 本任务用 PLC 来模拟并实现自动洗衣机的控制功能,要求如下:

（1）按下启动按钮后,进水电磁阀打开并开始进水。到达高水位时停止进水,进入洗涤状态。

（2）洗涤时内桶正转洗涤 15 s 暂停 3 s,再反转洗涤 15 s 暂停 3 s……如此循环 10 次。

（3）洗涤结束后,排水电磁阀打开,进入排水状态,当水位下降到低水位时,进入脱水状态并同时排水,脱水时间为 10 s。这样就完成了从进水到脱水的一个大循环。

（4）经过 3 次上述大循环后,洗衣机自动报警,报警 10 s 后,自动停机。

# ◀ 任务五  工业机械手的 PLC 控制 ▶

## 任务提出

某企业承担了一个机械手控制系统设计任务,要求用机械手将工件由 A 处抓取并放在 B 处,系统示意图如图 3-34 所示。总体控制要求如下:

(1) 机械手停在初始状态,SQ4＝SQ2＝1,SQ3＝SQ1＝0,原位指示灯 HL 点亮,按下 SB1 启动按钮,YV1 动作,机械手下降,下降到 A 处后(SQ1＝1)YV2 动作,夹紧工件。

(2) 夹紧工件后机械手上升,YV3 动作,上升到位后(SQ2＝1),机械手右移(SQ4＝0), YV4 动作。

(3) 机械手右移到位后(SQ3＝1),执行下降动作。

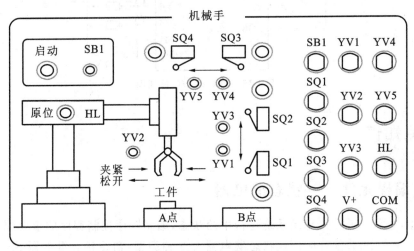

图 3-34  机械手动作示意图

(4) 机械手下降到位后(SQ1＝1)YV2 释放,机械手放松。

(5) 机械手放下工件后,YV3 动作,上升到位后(SQ2＝1),机械手左移(SQ3＝0),YV5 动作,返回至原位停止。

## 任务分析

为了用 PLC 控制器来实现工业机械手控制系统,PLC 需要 5 个输入点、6 个输出点,输入输出点分配如表 3-5 所示。

由输入输出点的分配表画出 PLC 的外部接线图,如图 3-35 所示。机械手的工序划分为 9 步,除了初始步之外,还包括下降步、夹紧步、上升步、右移步、下降步、放松步、上升步、左移步,可以用 M0～M8 表示。画出顺序功能图,再用"启-保-停"电路来设计梯形图,上述过程可以自行完成。下面介绍用步进顺控指令设计梯形图实现控制要求。

表 3-5　输入输出点分配

| 器 件 | 输入软元件 | 作 用 | 器 件 | 输出软元件 | 作 用 |
|---|---|---|---|---|---|
| SB1 | X0 | 启动按钮 | HL | Y0 | 原位指示灯 |
| SQ1 | X1 | 下限位开关 | YV1 | Y1 | 电磁阀线圈,执行下降 |
| SQ2 | X2 | 上限位开关 | YV2 | Y2 | 电磁阀线圈,执行夹紧 |
| SQ3 | X3 | 右限位开关 | YV3 | Y3 | 电磁阀线圈,执行上升 |
| SQ4 | X4 | 左限位开关 | YV4 | Y4 | 电磁阀线圈,执行右移 |
|  |  |  | YV5 | Y5 | 电磁阀线圈,执行左移 |

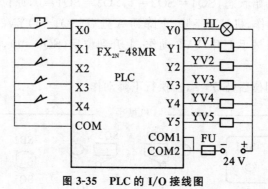

图 3-35　PLC 的 I/O 接线图

## ▌ 相关知识

### 一、编程元件——状态继电器

状态继电器(S)是用来记录系统运行中的状态,编制顺序控制程序的重要编程元件,它与步进顺控指令 STL 配合应用。状态继电器有 5 种类型:初始状态继电器 S0～S9,共 10 点,用于初始步;回零状态继电器 S10～S19,共 10 点,用于自动返回原点;通用状态继电器 S20～S499,共 480 点;具有断电保持功能的状态继电器 S500～S899,共 400 点;供报警用的状态继电器(可用作外部故障诊断输出)S900～S999,共 100 点。

在使用状态继电器时应注意:

(1) 状态继电器与辅助继电器一样有无数的常开和常闭触点。

(2) 状态继电器不与步进顺控指令 STL 配合使用时,可与辅助继电器 M 一样使用。

(3) FX₂N 系列 PLC 可通过程序设定将 S0～S499 设置为有断电保持功能的状态继电器。

本任务的整个工序分为 9 步,每一步都用一个状态继电器(S0、S20、S21、S22、S23、S24、S25、S26、S27)记录,如表 3-6 所示。

### 二、步进顺控指令(STL)

步进顺控指令也称步进梯形指令,也称 STL。FX 系列 PLC 还有一条使 STL 指令复位的 RET 指令。利用这两条指令,可以很方便地编制顺序控制梯形图程序。

STL指令可以生成流程和工作与顺序功能图非常接近的程序。顺序功能图中的每一步对应一小段程序,每一步与其他步是完全隔离开的。使用者根据自己的要求将这些程序段按一定的顺序组合在一起,就可以完成控制任务。这种编程方法可以节约编程的时间,并能减少编程错误。

用FX系列PLC的状态继电器编制顺序控制程序时,一般应与STL指令一起使用,使用STL指令的状态继电器的常开触点称为STL触点,它是一种"胖"触点,从图3-36中可以看出状态转移图与状态梯形图之间的对应关系。STL触点驱动电路块具有3个功能,即对负载的驱动处理、指定转移条件和指定转移目标。

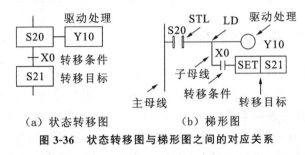

图3-36 状态转移图与梯形图之间的对应关系

STL触点一般是与左侧母线相连的常开触点,当某一步为活动步(即状态继电器被置位)时,对应的STL触点被接通,它右边的电路被处理,直到下一步被激活。STL程序区内可以使用标准梯形图的绝大多数指令和结构,包括应用指令。某一STL触点闭合后,该步的负载线圈被驱动。当该步后面的转移条件满足时,转移实现,即后续步对应的状态继电器被SET或OUT指令置位,后续步变为活动步,同时与原活动步对应的状态继电器被系统程序自动复位,原活动步对应的STL触点断开。

STL执行的过程是:

当进入某一状态(例如S20)时,S20的STL触点接通,输出继电器线圈Y010接通,执行操作处理。如果转移条件满足(例如X001接通),下一步的状态继电器S21被置位,则下一步的STL触点(S21)接通,转移到下一步状态,同时将自动复位原状态S20(即自动断开)。

系统的初始步应使用初始状态继电器S0～S9,它们应放在状态转移图的最上面,在由STOP状态切换到RUN状态时,可用只打开一个扫描周期的初始化脉冲M8002来将初始状态继电器置为ON,为以后步的活动状态的转移做好准备。需要从某一步返回初始步时,应对初始状态继电器使用OUT指令。

对本任务中每个工序分配状态元件,说明每个状态的功能与作用及转移条件,如表3-6所示。

表3-6 工序状态元件分配、功能与作用、转移条件

| 转 移 条 件 | 工 序 | 分配的状态元件 | 功能与作用 |
|---|---|---|---|
| RUN后M8002产生1个脉冲;左限位 X4=1 | 初始状态 | S0 | PLC上电做好工作准备 |
| 启动按钮 X0=1 | 下降状态 | S20 | 驱动输出线圈Y1,执行下降 |
| 下限位 X1=1 | 夹紧状态 | S21 | 驱动输出线圈Y2,执行夹紧 |

续表

| 转 移 条 件 | 工　序 | 分配的状态元件 | 功能与作用 |
|---|---|---|---|
| 延时 | 上升状态 | S22 | 驱动输出线圈 Y3,执行上升 |
| 上限位 X2=1 | 右移状态 | S23 | 驱动输出线圈 Y4,执行右移 |
| 右限位 X3=1 | 下降状态 | S24 | 驱动输出线圈 Y1,执行下降 |
| 下限位 X1=1 | 放松状态 | S25 | 释放输出线圈 Y2,执行放松 |
| 延时 | 上升状态 | S26 | 驱动输出线圈 Y3,执行上升 |
| 上限位 X2=1 | 左移状态 | S27 | 驱动输出线圈 Y5,执行左移 |

### 三、使用 STL 应注意的问题

(1) 如图 3-36(b)所示,与 STL 触点相连的触点应使用 LD 或 LDI 指令,即 LD 点移到 STL 触点的右侧,该点成为子母线。下一条 STL 的出现意味着当前 STL 的结束和新的 STL 的开始。RET 指令意味着整个 STL 程序区的结束,LD 点返回左侧母线。各 STL 触点驱动的电路一般放在一起,最后一个 STL 电路结束时一定要使用 RET 指令。

(2) STL 触点可以直接驱动或通过别的触点驱动 Y,M,S,T 等元件的线圈和应用指令。

(3) 由于 CPU 只执行活动步对应的电路块,使用 STL 时允许双线圈输出,即不同的 STL 触点可以分别驱动同一编程元件的一个线圈。但是同一元件的线圈不能在可能同时为活动步的 STL 区内出现。

(4) 在步的活动状态的转换过程中,相邻两步的状态继电器会同时接通(ON)一个扫描周期,可能会引发瞬时的双线圈问题。为了避免不能同时接通的两个输出(如控制异步电动机正反转的交流接触器线圈)同时动作,除了在状态内可实现输出线圈互锁外(方法如图 3-37 所示),还可在 PLC 外部设置由常闭触点组成的硬件互锁电路。

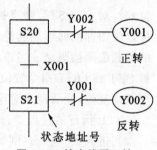

图 3-37　输出线圈互锁

(5) 同一定时器的线圈不可以在相邻的步中使用。

### 四、RET

(1) 步进返回指令(RET)用于状态(S)流程结束时,返回主程序(母线)。

(2) 使步进顺控程序执行完毕时,非状态程序的操作在主母线上完成,而防止出现逻辑错误。

(3) 顺序功能图的结尾必须使用 RET 指令。

## ■ 任务实施

1. 根据工序要求,画出工业机械手顺序功能图与梯形图,如图 3-38 所示。

2. 将启动按钮和 4 个模拟限位开关的常开触点分别接到 PLC 的 X0~X4,如图 3-35 所示,并连接 PLC 电源。检查电路正确性,确保无误。

3. 输入图 3-38(b)所示的梯形图,进行程序调试,调试时要注意动作顺序,运行后初始状态机械手的原位在左上,即 SQ4＝SQ2＝1,SQ3＝SQ1＝0,即合上 X2 和 X4,断开 X1 和 X3,此时原位指示灯 HL 亮,即 Y0＝1。

再按下启动按钮(X0 接通),机械手执行下降,离开原位,即 Y1＝1,Y0＝0,离开上限位,SQ2＝0,断开 X2,机械手到达下限位时,合上 X1,SQ1＝1,机械手执行夹紧,由于系统里未设置夹紧到位,这里用定时器进行延时处理,延时一小段时间代表夹紧到位,机械手执行上升,依次断开 X1→X4→X2→X1→X3 时,再依次合上 X2→X3→X1→X2→X4,每次操作都要监控观察各输出(Y1～Y5)和相关定时器(T0～T1)的含义及变化,检查是否完成了工业机械手控制系统所要求的功能。

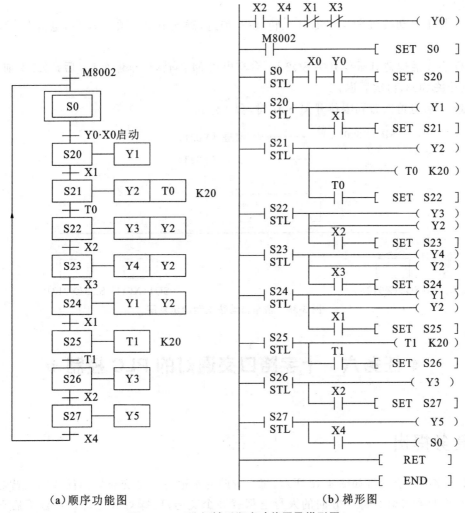

(a)顺序功能图　　　　　　　　　(b)梯形图

图 3-38　工业机械手顺序功能图及梯形图

# ■ 任务总结

1. 通过这节内容的学习,总结一下根据工艺要求如何绘制用状态继电器表示的顺序功能图。

2．如何将顺序功能图改画为步进顺控指令的梯形图。

3．原位条件如何处理。

4．系统模拟调试时 4 个模拟限位开关的状态。

## 思考与练习

1．用步进顺控指令实现本课题的任务一。

2．用步进顺控指令实现台车自动往返运动，如图 3-39 所示。一个工作周期的控制工艺要求如下：

（1）按下启动按钮 SB，电机 M 正转，台车前进，碰到限位开关 SQ1 后，电机 M 反转，台车后退；

（2）台车后退碰到限位开关 SQ2 后，台车电机 M 停转，台车停车 5 s 后，第二次前进，碰到限位开关 SQ3，再次后退；

（3）当后退再次碰到限位开关 SQ2 时，台车停止。

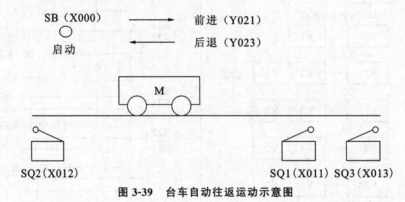

图 3-39　台车自动往返运动示意图

## ◀ 任务六　十字路口交通灯的 PLC 控制 ▶

## 任务提出

某十字路口交通灯如图 4-40 所示，每一方向的车道有 5 个交通灯：直行绿灯、黄灯和红灯，左转绿灯和红灯。每一方向的人行道都有 2 个交通灯：绿灯和红灯。当合下启动开关时，首先东西向通行，南北向禁止通行，东西向车道的直行绿灯亮，汽车直行，20 s 后直行绿灯闪烁 3 s，随后黄灯亮 3 s，3 s 后直行红灯亮，禁止东西向直行通行，同时东西向车道的左转绿灯亮，20 s 后左转绿灯闪烁 3 s，随后左转红灯亮；在东西向车道直行绿灯亮和闪烁的同时，东西向人行道的绿灯同时亮和闪烁，之后东西向人行道红灯亮。东西向左转车道禁止通行后，转入南北向车道、人行道的通行，顺序与东西向的相同。本任务研究用 PLC 来控制十字路口交通灯。

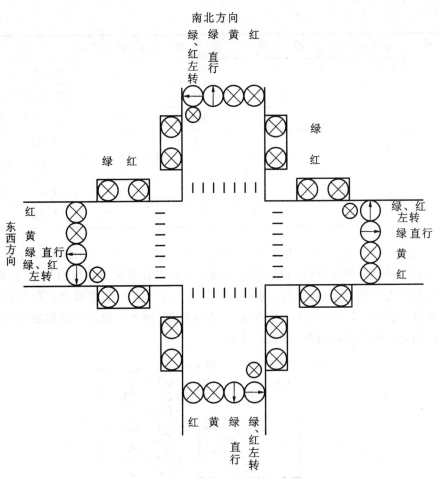

**图 4-40  十字路口交通灯示意图**

## 任务分析

为了用 PLC 控制器来实现十字路口交通灯控制系统，PLC 需要 1 个输入点、14 个输出点，输入输出点分配如表 3-7 所示。

表 3-7  输入输出点分配

| 器　　件 | 输入软元件 | 作　　用 | 器　　件 | 输出软元件 | 作　　用 |
|---|---|---|---|---|---|
| SB1 | X0 | 启动按钮 | HL | Y0 | 东西向车道直行绿灯 |
|  |  |  | HL | Y1 | 东西向车道左转绿灯 |
|  |  |  | HL | Y2 | 东西向车道直行黄灯 |
|  |  |  | HL | Y3 | 东西向车道直行红灯 |
|  |  |  | HL | Y4 | 东西向车道左转红灯 |
|  |  |  | HL | Y5 | 南北向车道直行绿灯 |
|  |  |  | HL | Y6 | 南北向车道左转绿灯 |

| 器　件 | 输入软元件 | 作　用 | 器　件 | 输出软元件 | 作　用 |
|---|---|---|---|---|---|
| | | | HL | Y7 | 南北向车道直行黄灯 |
| | | | HL | Y10 | 南北向车道直行红灯 |
| | | | HL | Y11 | 南北向车道左转红灯 |
| | | | HL | Y12 | 东西向人行道红灯 |
| | | | HL | Y13 | 东西向人行道绿灯 |
| | | | HL | Y14 | 南北向人行道红灯 |
| | | | HL | Y15 | 南北向人行道绿灯 |

　　由输入输出点的分配表画出 PLC 的外部接线图,如图 3-41 所示。由提出的任务画出十字路口交通灯时序图,如图 3-42 所示,把十字路口交通灯分为四个并行的分支,分别是东西向车道、东西向人行道、南北向车道、南北向人行道。每个方向车道都有直行绿灯、直行绿闪、直行黄灯、直行红灯、左转绿灯、左转绿闪、左转红灯,每个方向人行道都有绿灯、绿灯闪烁和红灯,由此画出顺序功能图,如图 3-43 所示。

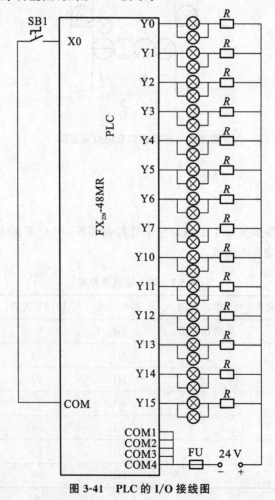

**图 3-41　PLC 的 I/O 接线图**

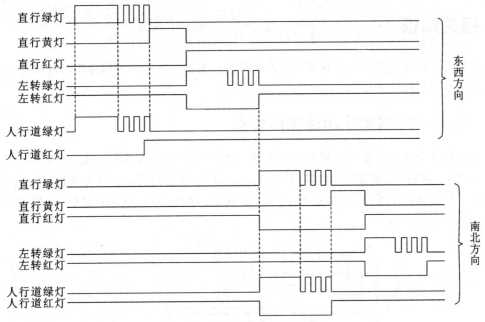

图 3-42　十字路口交通灯时序图

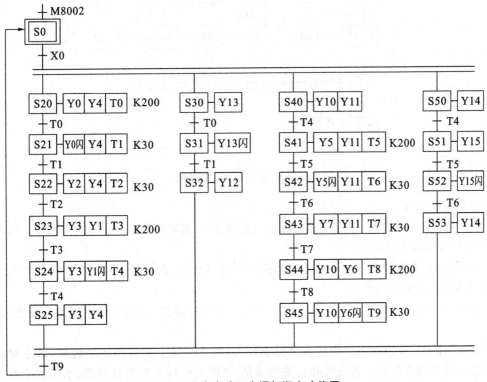

图 3-43　十字路口交通灯顺序功能图

## ■ 相关知识

本任务中步进顺控指令实现复杂的控制系统的关键是对并行序列编程时的分支与合并的处理。这里进行简要说明。

### 一、并行序列顺序功能图的特点

当满足某个条件后多个流程分支同时执行的分支流程称为并行分支,如图 3-44 所示。图中当 X000 接通时,状态同时转移,使 S21、S31 和 S41 同时置位,三个分支同时运行,只有在 S22、S32 和 S42 三个状态都运行结束后,若 X002 接通,才能使 S30 置位,并使 S22、S32 和 S42 同时复位。

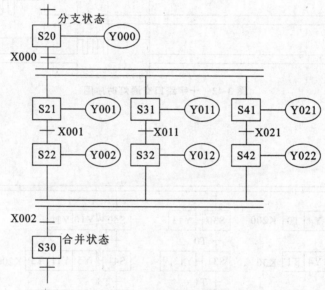

**图 3-44 并行分支流程结构**

它有两个特点:

(1) S20 为分支状态。S20 动作,若并行处理条件 X000 接通,则 S21、S31、S41 同时动作,三个分支同时开始运行。

(2) S30 为合并状态。三个分支流程运行全部结束后,合并条件 X002 为 ON,则 S30 动作,S22、S32、S42 同时复位。

这种合并又称为排队合并。即先执行完的流程保持动作,直到全部流程执行完成,合并才结束。

分支开始时,采用双水平线将各个分支相连,双水平线上方需要一个转移,转移对应的条件称为公共转移条件。若公共转移条件满足,则同时执行下列所有分支,水平线下方一般没有转移条件。

### 二、并行序列顺序功能图的编程

编程原则是先集中进行并行分支处理,再集中进行合并处理。

**1. 并行分支的编程**

编程方法是先对分支状态进行驱动处理,然后按分支顺序进行状态转移处理。图 3-45 (a)为分支状态 S20 图,图 3-45(b)是并行分支状态的编程。

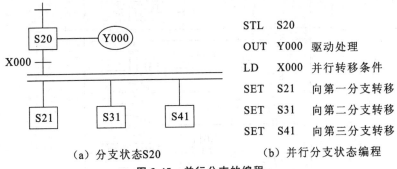

| STL | S20 | |
|---|---|---|
| OUT | Y000 | 驱动处理 |
| LD | X000 | 并行转移条件 |
| SET | S21 | 向第一分支转移 |
| SET | S31 | 向第二分支转移 |
| SET | S41 | 向第三分支转移 |

(a) 分支状态S20　　　　(b) 并行分支状态编程

**图 3-45　并行分支的编程**

**2. 并行合并的编程**

编程方法是先进行合并前状态的驱动处理,然后按顺序进行合并状态的转移处理。

按照并行合并的编程方法,应先进行合并前的输出处理,即按分支顺序对 S21、S22、S31、S32、S41、S42 进行输出处理,然后依次进行从 S22、S32、S42 到 S30 的转移,图 3-46(a)为 S30 的并行合并状态,图 3-46(b)是各分支合并前的输出处理和向合并状态 S30 转移的编程。

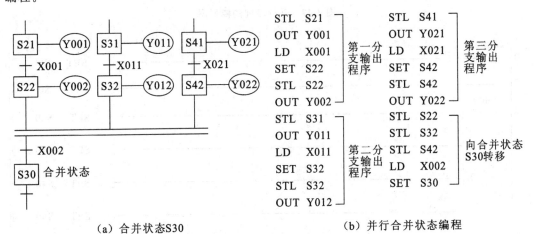

(a) 合并状态S30　　　　(b) 并行合并状态编程

**图 3-46　并行合并的编程**

根据图 3-44 和上面的指令表程序,可以绘出它的梯形图,如图 3-47 所示。

## ▌ **任务实施**

1. 如图 3-41 所示,将 1 个模拟开关的常开触点接到 PLC 的 X0,并连接 PLC 电源。检查接线正确性,确保无误。

2. 将图 3-43 所示顺序功能图用步进顺控指令设计出相应的梯形图,如图 3-48 所示。

3. 输入图 3-48 的梯形图,进行程序调试,调试时要注意监控观察状态继电器的情况。

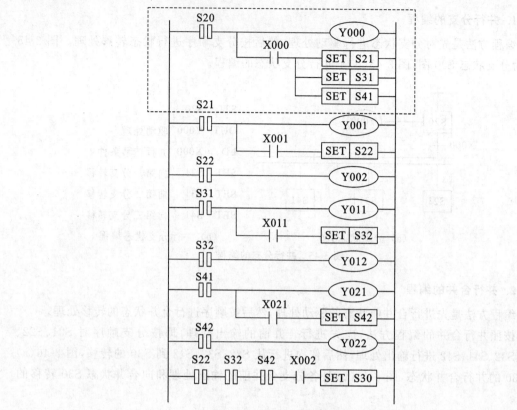

图 3-47 并行序列的梯形图

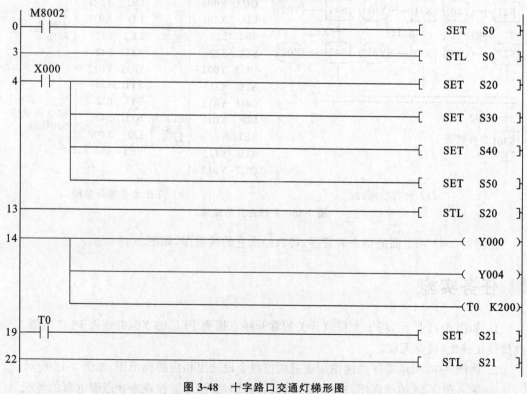

图 3-48 十字路口交通灯梯形图

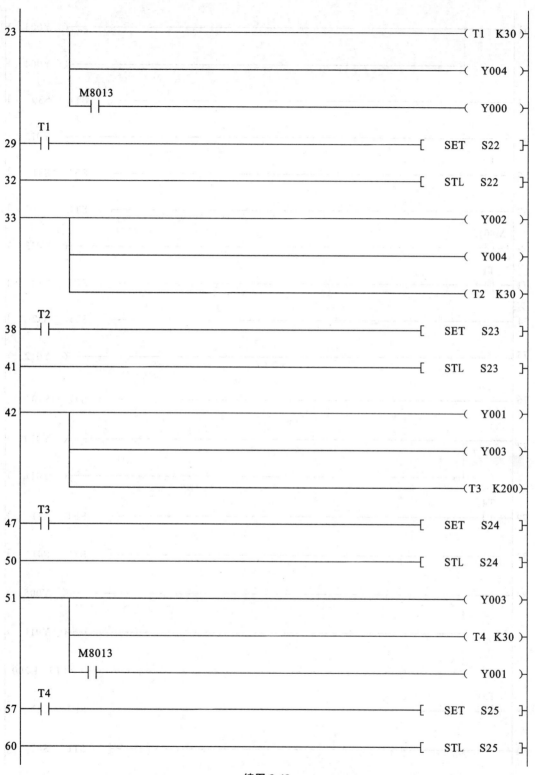

续图 3-48

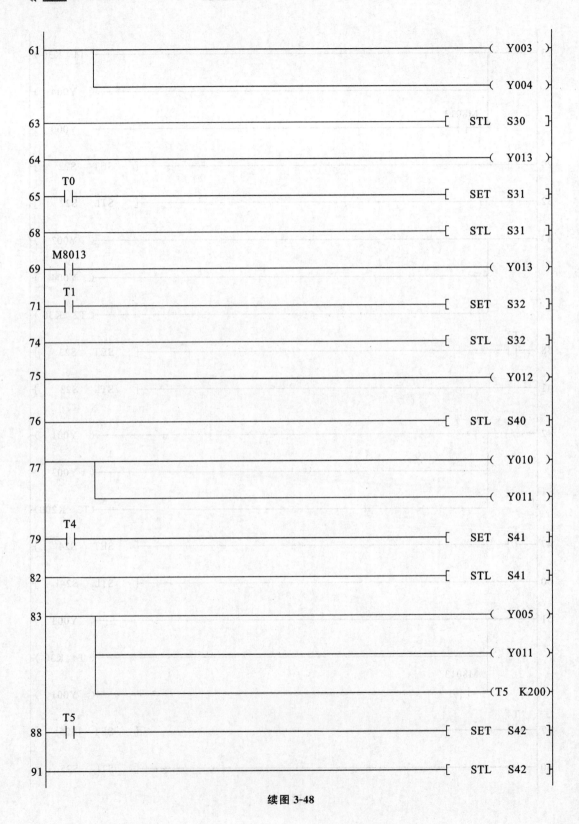

续图 3-48

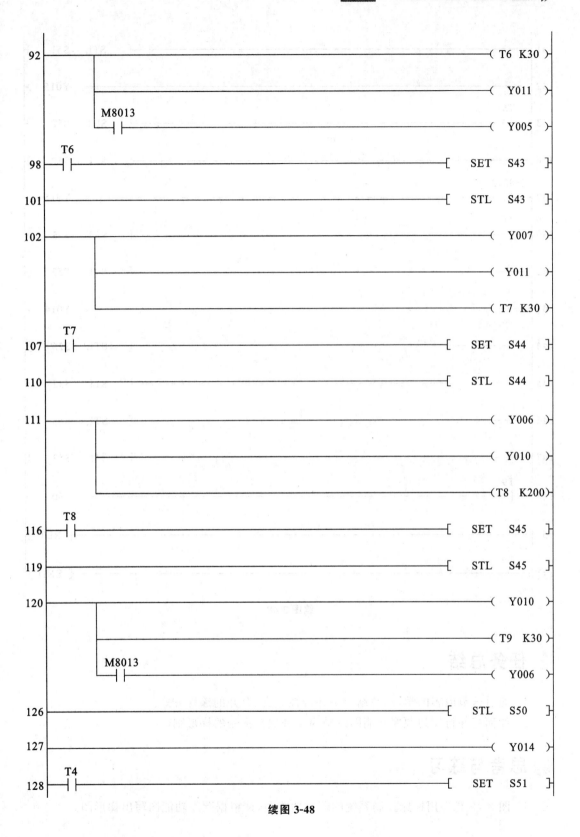

续图 3-48

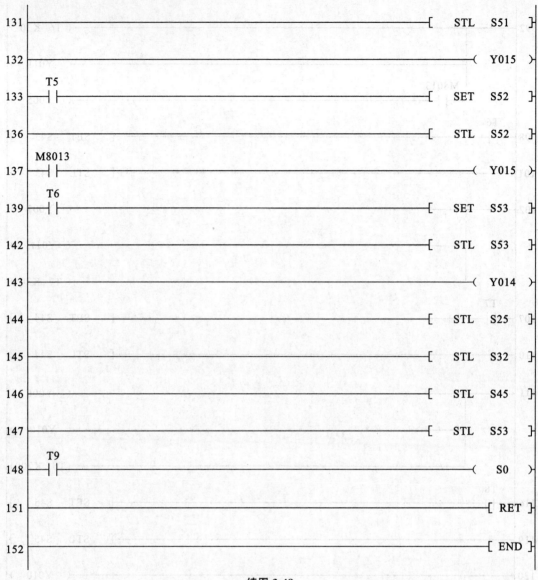

续图 3-48

## 任务总结

1. 通过这节内容的学习,总结一下并行性分支、合并的编程方式。
2. 如何将并行序列顺序功能图改画为步进顺控指令的梯形图。

## 思考与练习

1. 图 3-49 是专用镗床控制系统的顺序功能图,请根据顺序功能图写出梯形图。

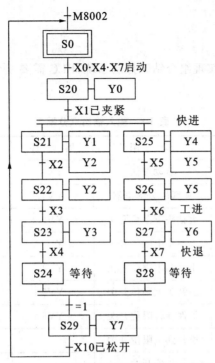

图 3-49 专用镗床控制系统顺序功能图

# ◀ 任务七 组合钻床的 PLC 控制 ▶

## ■ 任务提出

某组合钻床用来加工圆盘状零件上均匀分布的 6 个孔（见图 3-50）。放好工件后，按下启动按钮工件被夹紧，夹紧后压力继电器 X1 为 ON，Y1 和 Y3 使两只钻头同时开始向下进给。大钻头钻到由限位开关 X2 设定的深度时，Y2 使它上升，升到由限位开关 X3 设定的起始位置时停止上行。小钻头钻到由限位开关 X4 设定的深度时，Y4 使它上升，升到由限位开关 X5 设定的起始位置时停止上行，同时设定值为 3 的计数器的当前值加 1。两个都上升到位后，Y5 使工件旋转 120°，旋转结束后又开始钻第二对孔。3 对孔都钻完后，计数器的当前值等于设定值 3，转换条件满足。Y6 使工件松开，松开到位时，系统返回初始状态。当系统遇到紧急情况时，按下急停开关 X10，所有工作暂停，旋出急停开关 X10，继续当前工作。本任务研究用 PLC 来控制组合钻床。

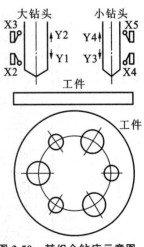

图 3-50 某组合钻床示意图

## ■ 任务分析

为了用 PLC 控制器来实现组合钻床控制系统,PLC 需要 9 个输入点、7 个输出点,输入输出点分配如表 3-8 所示。

表 3-8　输入输出点分配

| 器　件 | 输入软元件 | 作　用 | 器　件 | 输出软元件 | 作　用 |
|---|---|---|---|---|---|
| SB1 | X0 | 启动按钮 | YV0 | Y0 | 工件夹紧 |
| SQ1 | X1 | 夹紧压力继电器 | YV1 | Y1 | 大钻头下进给 |
| SQ2 | X2 | 大钻头下限位开关 | YV2 | Y2 | 大钻头退回 |
| SQ3 | X3 | 大钻头上限位开关 | YV3 | Y3 | 小钻头下进给 |
| SQ4 | X4 | 小钻头下限位开关 | YV4 | Y4 | 小钻头退回 |
| SQ5 | X5 | 小钻头上限位开关 | YV5 | Y5 | 工件旋转 |
| SQ6 | X6 | 工件旋转限位开关 | YV6 | Y6 | 工件松开 |
| SQ7 | X7 | 松开到位限位开关 | | | |
| JT1 | X10 | 急停开关 | | | |

如图 3-51 所示,状态继电器 S 代表各步,顺序功能图中包含了选择序列和并行序列。在步 S21 之后,有一个并行序列的分支,分支条件是压力继电器 X1 为 ON(即工件被夹紧),条件满足时大小钻头同时向下进给。有一个选择序列的合并,转换条件是工件旋转到位,即 X6 为 ON。在步 S29 之前,有一个并行序列的合并,还有一个选择序列的分支。在并行序列中,两个子序列中的第一步 S22 和 S25 是同时变为活动步的,两个子序列中的最后一步 S24 和 S27 是同时变为不活动步的。因为两个钻头上升到位有先有后,故设置了步 S24 和步 S27 作为等待步,它们用来同时结束两个并行序列。当两个钻头均上升到位,限位开关 X3

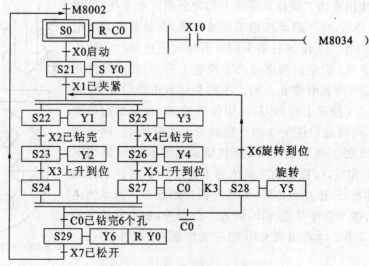

图 3-51　组合钻床顺序功能图

和 X5 分别为 ON,大、小钻头两个子系统分别进入两个等待步,并行序列将会立即结束。每钻一对孔计数器 C0 加 1,没钻完 3 对孔时 C0 的当前值小于设定值,其常闭触点闭合,转换条件 C0 不满足,将从步 S24 和 S27 转换到 S28。如果已钻完 3 对孔,C0 的当前值等于设定值,其常开触点闭合,转换条件 $\overline{C0}$ 不满足,将从步 S24 和 S27 转换到步 S29。

## ■ 相关知识

步进顺控指令实现复杂的控制系统的关键仍然是对选择序列和并行序列编程时的分支与合并的处理。其中并行序列编程时的分支与合并处理,上一任务已经说明,这里不再赘述。

### 一、选择序列顺序功能图的特点

如图 3-51 所示的步 S24 和 S27 有一个选择序列的分支。当步 S24 和 S27 是活动步(S24 为 ON,S27 为 ON)时,如果转换条件 C0 不满足(没达到 3 对孔),将转换到步 S28;如果转换条件 C0 满足,将进入步 S29。如果在某一步的后面有 N 条选择序列的分支,则该步的 STL 触点开始的电路块中应有 N 条分别指明各转换条件和转换目标的并联电路。如图 3-52 所示是一选择序列顺序功能图,其特点是:

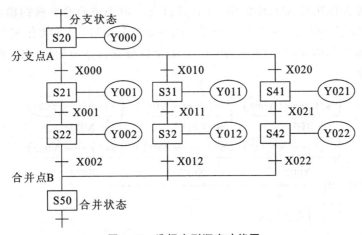

**图 3-52 选择序列顺序功能图**

(1) 该顺序功能图有三个分支流程顺序。

(2) S20 为分支状态。根据不同的条件(X000、X010、X020),选择执行其中的一个分支流程。当 X000 为 ON 时执行第一分支流程;X010 为 ON 时执行第二分支流程;X020 为 ON 时执行第三分支流程。X000、X010、X020 不能同时为 ON。

(3) S50 为合并状态。可由 S22、S32、S42 任一状态驱动。

(4) 分支用水平线相连,每一条单一顺序的进入都有一个转换条件,每个分支的转换条件都位于水平线下面,单水平线上面没有转换。

(5) 若某一分支的转换条件得到满足,则执行这一分支。一旦进入这一分支,就再也不执行其他分支。

(6) 分支结束用水平线将各个分支合并,水平线上方的每个分支都有一个转换条件,而水平线下方没有转换条件。

## 二、选择性分支、合并的编程

编程原则是先集中处理分支状态,然后再集中处理合并状态。

### 1. 分支状态的编程

编程方法是先对分支状态 S20 进行驱动处理(OUT Y000),然后按 S21、S31、S41 的顺序进行转换处理。图 3-52 中的分支状态 S20 如图 3-53(a)所示,图 3-53(b)是分支状态的编程。

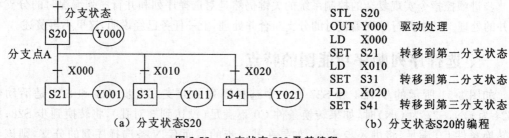

| | |
|---|---|
| STL | S20 |
| OUT | Y000 | 驱动处理 |
| LD | X000 |
| SET | S21 | 转移到第一分支状态 |
| LD | X010 |
| SET | S31 | 转移到第二分支状态 |
| LD | X020 |
| SET | S41 | 转移到第三分支状态 |

(a) 分支状态S20　　　　(b) 分支状态S20的编程

**图 3-53　分支状态 S20 及其编程**

### 2. 合并状态的编程

编程方法是先依次对 S21、S22、S31、S32、S41、S42 状态进行合并前的输出处理编程,然后按顺序从 S22(第一分支)、S32(第二分支)、S42(第三分支)向合并状态 S50 转移编程。图 3-52 中的合并状态如图 3-54(a)所示,图 3-54(b)是各分支合并前的输出处理和向合并状态 S50 转移的编程。

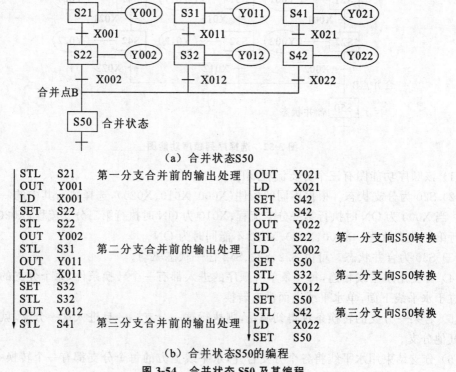

(a) 合并状态S50

| STL | S21 | 第一分支合并前的输出处理 | | OUT | Y021 | |
|---|---|---|---|---|---|---|
| OUT | Y001 | | | LD | X021 | |
| LD | X001 | | | SET | S42 | |
| SET | S22 | | | STL | S42 | |
| STL | S22 | | | OUT | Y022 | |
| OUT | Y002 | | | STL | S22 | 第一分支向S50转换 |
| STL | S31 | 第二分支合并前的输出处理 | | LD | X002 | |
| OUT | Y011 | | | SET | S50 | |
| LD | X011 | | | STL | S32 | 第二分支向S50转换 |
| SET | S32 | | | LD | X012 | |
| STL | S32 | | | SET | S50 | |
| OUT | Y012 | | | STL | S42 | 第三分支向S50转换 |
| STL | S41 | 第三分支合并前的输出处理 | | LD | X022 | |
| | | | | SET | S50 | |

(b) 合并状态S50的编程

**图 3-54　合并状态 S50 及其编程**

### 3. 特殊辅助继电器的功能与用途

本任务中要实现所有工作暂停，可以使用特殊辅助继电器 M8034，当其线圈得电，则将 PLC 的输出全部禁止，其线圈失电，PLC 的输出恢复。这里简要介绍其他特殊辅助继电器的功能与用途，如表 3-9 所示。

表 3-9　SFC 中常采用的特殊辅助继电器的功能与用途

| 地　址　号 | 名　　　称 | 功能与用途 |
| --- | --- | --- |
| M8000 | RUN 监视器 | 在可编程控制器运行过程中，它一直处于接通状态。可作为驱动所需的程序输入条件与表示可编程控制器的运行状态来使用 |
| M8200 | 单操作标志 | 可以用一个转换条件实现多次转换 |
| M8040 | 禁止转移 | 在驱动该继电器时，禁止在所有程序步之间转移。在禁止转移状态下，状态内的程序仍然动作，因此输出线圈等不会自动断开 |
| M8046 | STL 动作 | 任一状态接通时，M8046 仍自动接通，可用于避免与其他流程同时启动，也可用作工序的动作标志 |
| M8047 | STL 监视器有效 | 在驱动该继电器时，编程功能可自动读出正在动作中的状态地址号 |

如图 3-55 所示是组合钻床的梯形图，S24(S27)的 STL 触点开始的电路块中，有两条分别由 C0 和 $\overline{C0}$ 作为转换条件的并联支路。STL 触点具有与主控指令(MC)相同的特点，即 LD 点移到了 STL 触点的右端，对于选择序列分支对应的电路的设计，是很方便的。用 STL 指令设计复杂系统的梯形图时更能体现其优越性。

## 任务实施

1. 将 1 个模拟按钮、8 个模拟开关的常开触点分别接到 PLC 的 X0~X7、X10，并连接 PLC 电源。检查正确性，确保无误。

2. 输入图 3-55 所示的梯形图，进行程序调试，调试时要注意动作顺序。

(1) 先按下 X0(模拟启动)，观察各输出继电器 Y0~Y6 和计数器 C0 的状态。

(2) 再按下 X1(模拟夹紧)，观察各输出继电器 Y0~Y6 和计数器 C0 的状态。

(3) 模拟钻孔，依次按下 X2→X3→X4→X5，或者 X2→X4→X3→X5，或者 X2→X4→X5 →X3，或者 X4→X2→X3→X5，或者 X4→X5→X2→X3，或者 X4→X2→X5→X3，或者 X2→ X3→X5→X4，每次操作都要监控观察各输出 Y0~Y6 和计数器 C0 的变化。

(4) 根据 Y5 或 Y6 的状态按下 X6 或 X7。

(5) 重复第(3)、(4)步两次。

(7) 在模拟钻孔的过程中(任何时刻)按下 X10，监控观察各输出 Y0~Y6 和计数器 C0 的变化，监控观察状态继电器的情况。

```
 0  ┤├ X010 ──────────────────────────────( M8034 )
 3  ┤├ M8002 ─────────────────────────[ SET  S0 ]
 6  ────────────────────────────────[ STL  S0 ]
 7  ────────────────────────────────[ RST  C0 ]
 9  ┤├ X000 ──────────────────────────[ SET  S21 ]
12  ────────────────────────────────[ STL  S21 ]
13  ────────────────────────────────[ SET  Y000 ]
14  ┤├ X001 ──────────────────────────[ SET  S22 ]
                                      [ SET  S25 ]
19  ────────────────────────────────[ STL  S22 ]
20  ──────────────────────────────────( Y001 )
21  ┤├ X002 ──────────────────────────[ SET  S23 ]
24  ────────────────────────────────[ STL  S23 ]
25  ──────────────────────────────────( Y002 )
26  ┤├ X003 ──────────────────────────[ SET  S24 ]
29  ────────────────────────────────[ STL  S25 ]
30  ──────────────────────────────────( Y003 )
31  ┤├ X004 ──────────────────────────[ SET  S26 ]
34  ────────────────────────────────[ STL  S26 ]
35  ──────────────────────────────────( Y004 )
36  ┤├ X005 ──────────────────────────[ SET  S27 ]
39  ────────────────────────────────[ STL  S27 ]
```

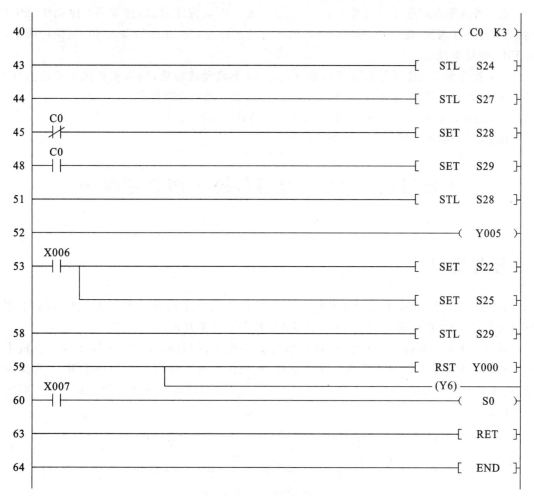

图 3-55　组合钻床梯形图

# 任务总结

1. 通过这节内容的学习,总结一下选择性分支、合并的编程方式。
2. 如何将选择序列顺序功能图改画为步进顺控指令的梯形图。
3. 特殊辅助继电器的使用。

# 思考与练习

1. 某竞赛需要四个组进行抢答,每一组分配一个抢答按钮,任一组按下按钮后,BCD码显示器及时显示该组的编号,同时锁住抢答器,使其他组按下无效。具体要求:

（1）按下抢答按钮必须在主持人按下总按钮后的 10 s 内进行,如超出 10 s,抢答无效;

（2）每次抢答结束后,主持人需按下复位按钮,方可重新开始。

用 PLC 控制器实现其控制功能并调试。

2. 某自动洗车装置,其控制要求如下:

（1）若洗车方式选择开关置于手动方式，当按下启动按钮后，则按下列程序动作：MC1动作，执行泡沫清洗；按 PB1，MC2 动作，则执行清水冲洗；按 PB2，MC3 动作，则执行风干；按 PB3，则结束洗车。

（2）若洗车方式选择开关置于自动方式，当按下启动按钮后，则自动按洗车流程执行。其中泡沫清洗 10 秒、清水冲洗 20 秒、风干 5 秒，结束后回到待洗状态。

（3）任何时候按下停止按钮，则所有输出复位，停止洗车。

用 PLC 控制器实现其控制功能并调试。

# ◀ 任务八　大小球分拣系统的 PLC 控制 ▶

## ■ 任务提出

在实际生产中，许多工业设备设置有多种工作方式，如手动和自动工作方式，自动工作方式又包括连续、单周期、单步和自动返回初始状态等工作方式。

某机械手用来分拣钢质大球和小球，如图 3-56 所示，控制面板如图 3-57 所示。机械手的 5 种工作方式由工作方式选择开关进行选择，操作面板上设有 6 个手动按钮。"紧急停车"按钮是为了保证在紧急情况下（包括 PLC 发生故障时）能可靠地切断 PLC 的负载电源而设置的。

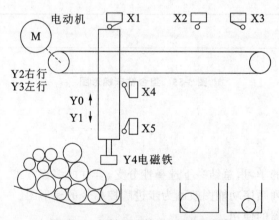

图 3-56　机械手分拣大、小球示意图

本任务研究用 PLC 实现具有多种工作方式的大小球分拣系统。

系统设有手动和自动 2 种工作方式，手动工作方式下，系统的动作靠 6 个手动按钮控制，接到输入继电器的各限位开关都不起作用。自动工作方式又分以下 4 种工作形式。

（1）单周期工作方式：按下启动按钮 X16 后，从初始步开始，机械手按规定完成一个周期的工作后，返回并停留在初始步。

（2）连续工作方式：在初始状态按下启动按钮后，机械手从初始步开始一个周期一个周期地反复连续工作，按下停止按钮，并不马上停止工作，完成最后一个周期的工作后，系统才返回并停留在初始步。

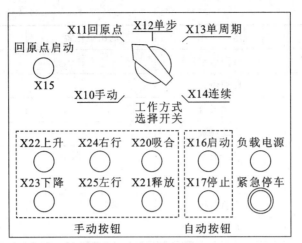

图 3-57　机械手控制面板

（3）单步工作方式：从初始步开始，按一下启动按钮，系统转换到下一步，完成该步的任务后，自动停止工作并停留在该步，再按一下启动按钮，才往前走一步。单步工作方式常用于系统的调试。

（4）回原点工作方式：在选择单周期、连续和单步工作方式之前，系统应处于原点状态；如果不满足这一条件，可选择回原点工作方式。

机械手在最上面、最左边且电磁铁线圈断电时，称为系统处于原点状态（初始状态）。

## 任务分析

为了用 PLC 控制器来实现任务，PLC 需要 19 个输入点、5 个输出点，输入输出点分配如表 3-10 所示。

表 3-10　输入输出点分配表

| 输入继电器 | 作　用 | 输出继电器 | 作　用 |
| --- | --- | --- | --- |
| X1 | 左限位 | Y0 | 机械手上升 |
| X2 | 大球右限位 | Y1 | 机械手下降 |
| X3 | 小球右限位 | Y2 | 机械手右行 |
| X4 | 上限位 | Y3 | 机械手左行 |
| X5 | 下限位 | Y4 | 电磁铁吸合 |
| X10 | 手动 | | |
| X11 | 回原点 | | |
| X12 | 单步 | | |
| X13 | 单周期 | | |
| X14 | 连续 | | |
| X15 | 回原点启动 | | |

| 输入继电器 | 作　用 | 输出继电器 | 作　用 |
|---|---|---|---|
| X16 | 自动启动 | | |
| X17 | 自动停止 | | |
| X20 | 手动吸合 | | |
| X21 | 手动释放 | | |
| X22 | 手动上升 | | |
| X23 | 手动下降 | | |
| X24 | 手动右行 | | |
| X25 | 手动左行 | | |

在分析控制关系并进行点数分配时,未对紧急停车进行输入点指定,而是在 PLC 的外部接线图中进行处理,PLC 的外部接线图如图 3-58 所示。

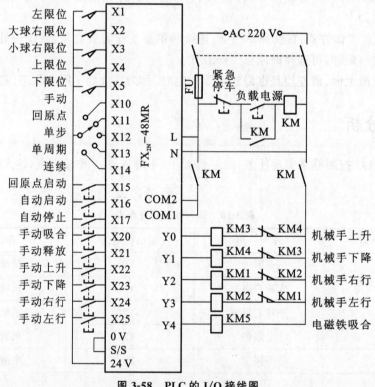

图 3-58　PLC 的 I/O 接线图

如何将多种工作方式的功能融合到一个程序中,是梯形图设计的难点之一。FX$_{2N}$ 系列 PLC 专门提供了 IST 状态初始化指令以实现将多种工作方式的功能融合到一个程序中,下面就介绍状态初始化指令 IST。

## ■ 相关知识

### 一、状态初始化指令 IST 和初始化程序

FX$_{2N}$系列 PLC 的状态初始化指令 IST 与 STL 指令一起使用,专门用来设置具有多种工作方式的控制系统的初始状态和设置有关的特殊辅助继电器的状态。IST 指令只能使用一次,它应放在程序开始的地方,被它控制的 STL 电路应放在它的后面。

梯形图 3-59 中,IST 指令中的 S20 和 S30 用来指定在自动操作中用到的最低和最高的状态继电器的元件号,IST 中的源操作数可取 X、Y 和 M,IST 指令的源操作数 X10 用来指定与工作方式有关的输入继电器的首元件,它实际上指定从 X10 开始的 8 个输入继电器具有以下的意义:

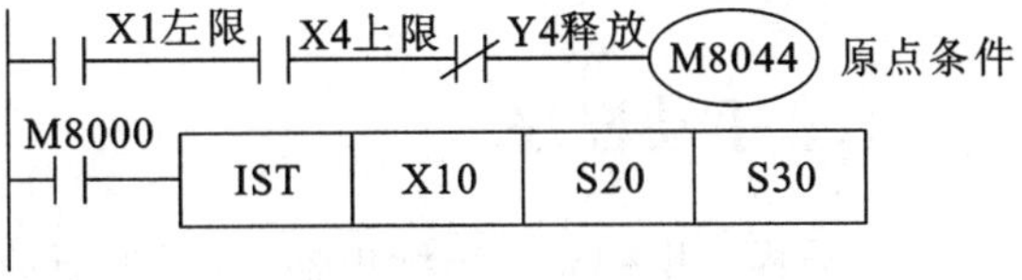

X10:手动。

X11:回原点。

X12:单步运行。

X13:单周期运行(半自动)。

X14:连续运行(全自动)。

X15:回原点启动。

X16:自动启动。

X17:自动停止。

图 3-59　初始化程序

在某一时刻 X10～X14 中只能有一个处于接通状态,必须使用选择开关(见图 3-58),以保证这 5 个输入中不可能有两个同时为 ON。

IST 指令的执行条件满足时,初始状态继电器 S0～S2 和下列的特殊辅助继电器被自动指定为以下功能,以后即使 IST 指令的执行条件变为 OFF,这些元件的功能仍保持不变:

M8040:禁止状态转换标志,手动工作方式时它一直为 ON,即禁止在手动时步的活动状态的转换。

M8041:状态转换启动标志,它是自动程序中的初始步 S2 到下一步的转换条件之一。由 IST 指令自动控制,它在手动和自动返回原点方式时不起作用。在单步和单周期工作方式只在按启动按钮时起作用(无保持功能)。在连续工作方式按启动按钮时 M8041 变为 ON 并自保持,按停止按钮后变为 OFF,保证了系统的连续运行。

M8042:启动脉冲标志,在非手动工作方式按启动按钮和回原点启动按钮,它在一个扫描周期中为 ON。

M8043:回原点完成标志,在回原点方式,系统回原点时,通过用户程序用 SET 指令将它置位(见图 3-60)。

M8044:原点条件标志,在系统满足初始条件(或称原点条件)时为 ON。

M8047:STL 监控有效标志,M8047 线圈通电时,当前的活动步对应的状态继电器的元件号按从大到小的顺序排列,存放在特殊数据寄存器 D8040～D8047 中,由此可以监控 8 点

活动步对应的状态继电器的元件号。此外,若有任何一个状态继电器为 ON,特殊辅助继电器 M8046 将为 ON。

S0:手动操作初始状态继电器。

S1:回原点初始状态继电器。

S2:自动操作初始状态继电器。

S10～S19:原点回归方式专用状态继电器。

S20～S499:自动操作及其他流程用状态继电器。

在本机械手系统中,当工作方式选择了单步运行,即 X12 接通,程序跳到 S2 中,再按下启动按钮,X16 接通一次,机械手工作一步;若工作方式选择了单周期,即 X13 接通,程序跳到 S2 中,再接通 X16 一次,机械手执行单周期。M8044 是原点条件,当机械手在最上面、最左边且电磁铁线圈断电时,即 X1 和 X4 为 ON,Y4 为 OFF 时,条件满足。

如果改变了当前选择的工作方式,在回原点完成标志 M8043 变为 ON 之前,所有的输出继电器将变为 OFF。

## 二、手动程序

手动程序用初始状态继电器 S0 控制,因为手动程序、自动程序(单步、单周期、连续)和回原点程序均用 STL 触点驱动,这 3 部分程序不会同时被驱动,所以用 STL 指令和 IST 指令编程时,手动程序、自动程序和回原点程序的每一步对应一小段程序,每一步与其他步是完全隔离开的。只要根据控制要求将这些程序段按一定的顺序组合在一起,就可以完成控制任务。既节约了编程的时间,又减少了编程错误。

## 三、回原点程序

回原点的顺序功能图如图 3-60 所示,当原点条件满足时,特殊辅助继电器 M8044(原点条件)为 ON(见图 3-62 中的初始化程序)。回原点结束后,用 SET 指令将 M8043(回原点完成)置为 ON,并用 RST 指令将回原点顺序功能图中的最后一步 S12 复位,回原点的顺序功能图中的步应使用 S10～S19。

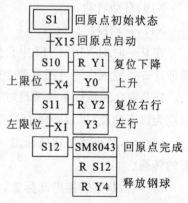

图 3-60 回原点的顺序功能图

## 四、自动程序

用 STL 指令设计的自动程序的顺序功能图如图 3-61 所示,特殊辅助继电器 M8041(转换启动)和 M8044(原点条件)是从自动程序的初始步 S2 转换到下一步 S20 的转换条件。使用 IST 指令后,系统的手动、单周期、单步、连续和回原点这几种工作方式的切换是系统程序自动完成的,但是必须按照前述的规定,安排 IST 指令中指定的控制工作方式用的输入继电器 X10～X17 的元件号顺序。工作方式的切换是通过特殊辅助继电器 M8040～M8042 实现的,IST 指令自动驱动 M8040～M8042。具有多种工作方式的大小球分拣系统梯形图如图

3-62所示。

# 任务实施

1. 将 19 个模拟各输入器件的按钮开关的常开触点分别接到 PLC 的 X1~X5、X10~X17、X20~X25,如图 3-58 所示,并连接 PLC 电源。检查电路正确性,确保无误。

2. 输入图 3-62 的梯形图,进行程序调试。

(1) 手动工作方式调试:工作方式选择开关旋到 X10,按照机械手和电磁铁的位置确定 X20~X25 的操作,观察各输出继电器 Y0~Y4 的状态变化。

(2) 回原点工作方式调试:工作方式选择开关旋到 X11,按下回原点启动按钮 X15,观察机械手回原点工作状态。

(3) 连续工作方式调试:机械手在原点的状态下,工作方式选择开关旋到 X14,按下启动按钮 X16,2 s 后依次按下 X5→X4→X3,模拟机械手分拣小球的工作,观察各输出继电器 Y0~Y4 的状态变化,可重复操作多次;也可以依次按下 X4→X2,模拟机械手分拣大球的工作,观察各输出继电器 Y0~Y4 的状态变化,也可重复操作多次。一直到按下 X17 停止按钮为止。

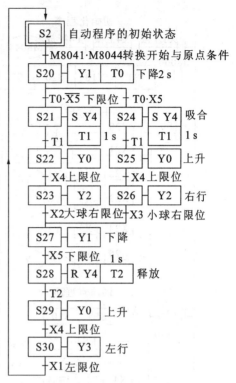

图 3-61 自动程序的顺序功能图

(4) 单周期工作方式调试:调试过程类似于连续工作方式,不同之处一是工作方式选择开关旋到 X13,二是完成一次大小球分拣后机械手回到原点位置,要重新按下启动按钮 X16 才能进行下一次的分拣。

(5) 单步工作方式调试:调试过程类似于连续工作方式,不同之处一是工作方式选择开关旋到 X12,二是机械手每完成一个动作都要重新按下启动按钮 X16 才能进入下一个动作。

# 任务总结

1. IST 指令的执行条件满足时,有哪几个初始状态继电器的功能被自动指定。
2. 机械手有哪几种工作方式,试举例说明其中一种工作方式。
3. 在梯形图设计中,是如何实现多种工作方式融合到一个程序之中的。
4. 有哪些收获与体会。

# 思考与练习

1. 请将这种具有多种工作方式的系统用"启-保-停"电路和以转换为中心的电路实现其功能,完成本任务的编程。

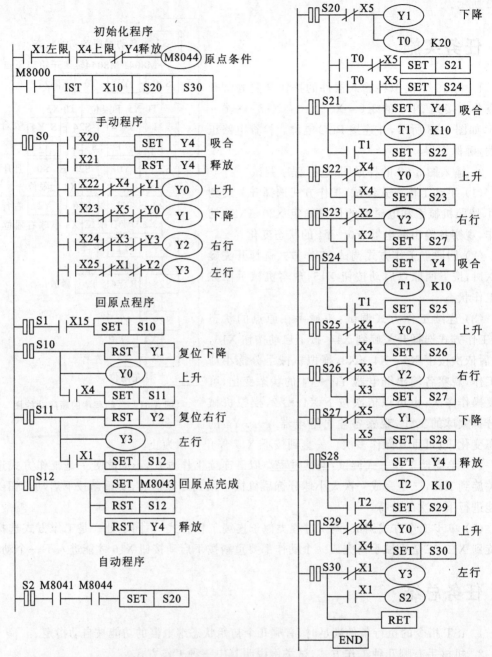

**图 3-62 具有多种工作方式的大小球分拣系统梯形图**

2. 在大小球自动分拣控制系统中,当小球容器装满 30 个、大球容器装满 18 个时要装车,控制系统要自动停止,5 s 后自动启动,如何实现?

**课题四**
功能指令及应用

# ◀ 任务一　传送与比较指令及应用 ▶

## ■ 任务提出

子任务一　设计一 24 小时可设定时间的控制器,将此控制器进行如下控制:

(1) 6:30 电铃(Y0)每秒响 1 次,5 次后自动停止;

(2) 8:30—17:30 启动住宅报警系统(Y1);

(3) 18:00—22:30 打开住宅内灯光照明(Y2)。

## ■ 任务分析

根据题意,可以把每 15 分钟作为一设定单位,则 24 小时共 96 个时间单位。设 X0 为启停开关;X1 为 15 分钟快速调整与试验开关;X2 为格数设定的快速调整与试验开关;时间设定值为钟点数乘以 4。使用时,在零点整启动定时器。

C0 为 15 min 计数器,当按下 X0 时,C0 当前值每隔 1 s 加 1,当 C0 当前值等于设定值 900 时,即为 15 min(900 s)。

C1 为格数计数器,每隔 15 min 加 1,当 C1 当前值等于设定值 96 时,即为 24 h。

子任务二　用功能指令实现电动机的 Y-△ 启动控制。按 Y-△ 启动控制要求,通电时电动机绕组接成 Y 形启动。当转速上升到一定程度,电动机绕组接成△形运行。另外,启动过程中的每个状态间应具有一定的时间间隔。

## ■ 任务分析

根据题意,设置启动按钮为 X0,停止按钮为 X1,电路主接触器 KM 接于输出口 Y0,电动机 Y 形接法接触器 KM_Y 接于输出口 Y1,电动机△形接法接触器 KM_△ 接于输出口 Y2。系统接线图如图 4-1 所示。

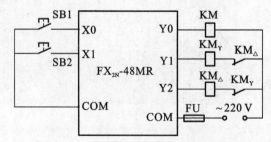

**图 4-1　电动机 Y-△ 启动控制接线图**

## 相关知识

### 1. 比较指令 CMP

该指令对比较值$S_1$和比较源$S_2$的内容进行比较,根据其结果(小、一致、大),使$D$,$D$+1,$D$+2 其中一个为 ON。源数据$S_1$,$S_2$作为二进制的值进行处理。数值以代数形式进行大小的比较。例如:$-10 < 2$。指令格式如图 4-2 所示。

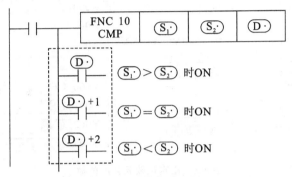

图 4-2　比较指令 CMP

说明:即使是指令输入为 OFF,CMP 指令不执行时,$D$~$D$+2 也会保持当指令输入从 ON 变为 OFF 之前的状态。

### 2. 区间比较指令 ZCP

该指令将比较源$S$的内容与下比较值$S_1$和上比较值$S_2$进行比较,根据其结果(小,区域内,大),使$D$,$D$+1,$D$+2 其中一个为 ON。数值以代数形式进行大小的比较。例如:$-10 < 2 < 10$。指令格式如图 4-3 所示。

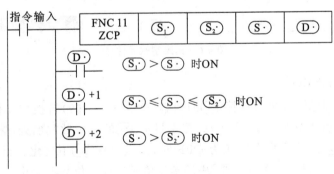

图 4-3　区间比较指令 ZCP

说明:即使是指令输入为 OFF,ZCP 指令不执行时,$D$~$D$+2 也会保持当指令输入从 ON 变为 OFF 之前的状态。

### 3. 传送指令 MOV

该指令将传送源$S$的内容传送给传送目标$D$。当指令输入为 OFF 时,传送目标$D$不变化。在传送源$S$中指定常数 K 时,自动转换成 BIN。指令格式如图 4-4 所示。

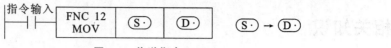

图 4-4　传送指令 MOV

指定位软元件的位数（K1X000→K1Y000）的情况如图 4-5 所示,最多可传送 16 个（4 的倍数）位软元件。

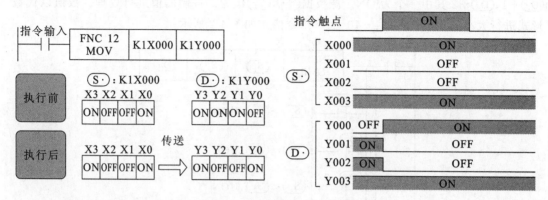

图 4-5　指定位软元件的位数

指定字软元件的情况如图 4-6 所示。

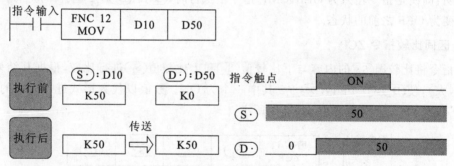

图 4-6　指定字软元件

### 4. 位移动指令 SMOV

该指令将传送源 S 和传送目标 D 的内容（0000～99 999）转换成 4 位数的 BCD,$m1$ 位数起的低 $m2$ 位数部分被传送（合成）到传送目标 D 的 $n$ 位数起始处,然后转换成 BIN,保存在传送目标 D 中。当指令输入为 OFF 时,传送目标 D 不变化。当指令输入为 ON 时,传送源 S 的数据以及传送目标 D 中的指定传送以外的位数不变化。指令格式如图 4-7 所示。

说明:(1) S 从 BIN 转换为 BCD;

(2) 从第 $m1$ 位数起的低 $m2$ 位数部分的数据,被传送（合成）到 D$'$ 的第 $n$ 位数起始 $m2$ 位数,D$'$ 的 $10^3$ 位数及 $10^0$ 位数在执行来自 S$'$ 的传送时不受任何影响;

(3) 合成的数据（BCD）转换成 BIN 后,保存到 D 中。

程序举例:合成 3 位数的数字式开关的数据后,以二进制保存到 D2 中,如图 4-8 所示。

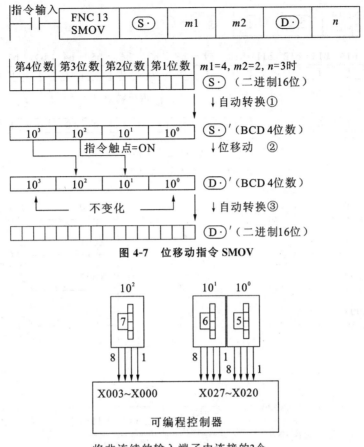

图 4-7 位移动指令 SMOV

将非连续的输入端子中连接的3个
数字式开关的数据进行合成。

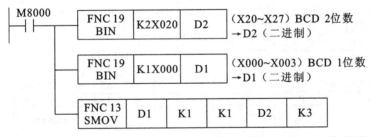

| M8000 | FNC 19<br>BIN | K2X020 | D2 | (X20~X27) BCD 2位数<br>→D2（二进制） |
| | FNC 19<br>BIN | K1X000 | D1 | (X000~X003) BCD 1位数<br>→D1（二进制） |

| | FNC 13<br>SMOV | D1 | K1 | K1 | D2 | K3 |

D1的1位数部分（BCD）传送到D2的
第3位数（BCD）后，自动转换成BIN

图 4-8 位移动指令应用

### 5. 反转传送指令 CML

该指令将 $\textcircled{S·}$ 中指定的软元件的各位反转（$0\rightarrow1,1\rightarrow0$）后，传送至 $\textcircled{D·}$。当在 $\textcircled{S·}$ 中指定常数（$K$）时，会自动转换为 BIN。指令用于希望将可编程控制器的输出以逻辑反转输出时。指令格式如图 4-9 所示。

程序举例：

（1）反转输入的获取：可以使用 CML 指令编写图 4-10 所示的顺控程序。

（2）指定位数的软元件的位数为 4 点的情况，如图 4-11 所示。

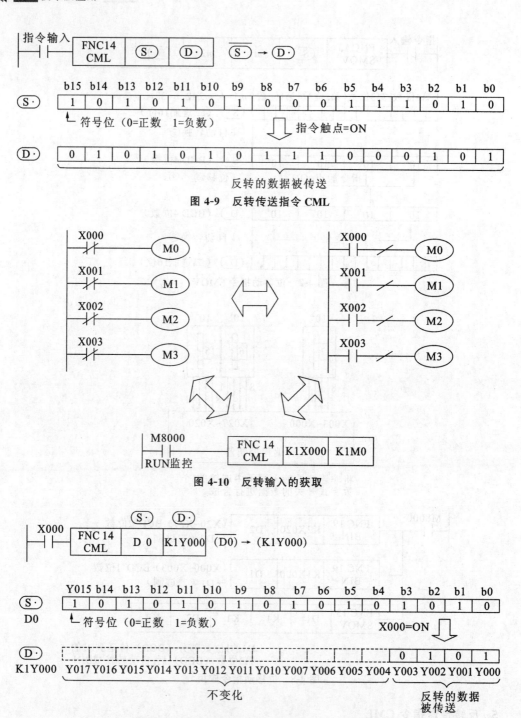

图 4-9  反转传送指令 CML

图 4-10  反转输入的获取

图 4-11  指定位数的软元件的位数为 4 点的情况

### 6. 成批传送指令 BMOV

该指令将 S· 开始的 $n$ 点的数据成批传送到 D· 开始的 $n$ 点中。当超出软元件编号范围时，在可能的范围内传送。指令格式如图 4-12 所示。

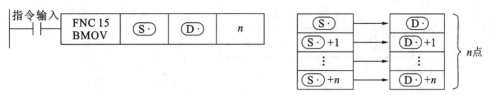

图 4-12 成批传送指令 BMOV

无论传送源的数据有无传送,为了防止数据源没有传送就被改写,采用编号重叠的方法,按①~③的顺序自动传送,如图 4-13 所示。

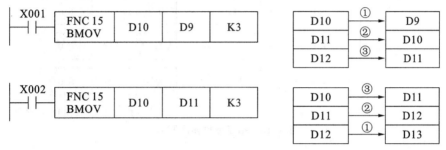

图 4-13 编号重叠

### 7. 多点传送指令 FMOV

该指令将 $\textcircled{S·}$ 的内容传送到以 $\textcircled{D·}$ 起始的 $n$ 点的软元件中。指令格式如图 4-14 所示。

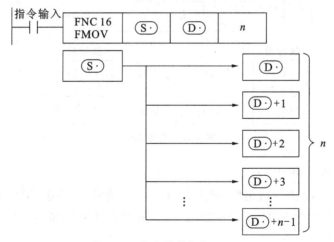

图 4-14 多点传送指令 FMOV

说明:(1)$n$ 点的软元件内容都相同;

(2)以 $n$ 指定的个数超出了软元件编号范围时,在可能的范围内传送;

(3)指令输入为 OFF 时,传送目标 $\textcircled{D·}$ 不变化;

(4)指令输入为 ON 时,传送源 $\textcircled{S·}$ 的数据不变化;

(5)传送源 $\textcircled{S·}$ 中指定了常数 $K$ 时,自动转换为 BIN。

程序举例:指定数据多次写入,如图 4-15 所示。

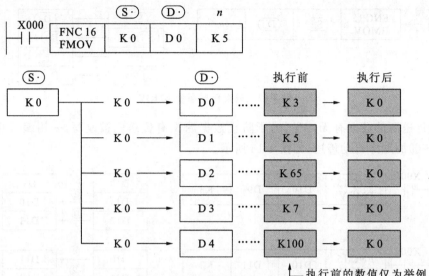

图 4-15　指定数据多次写入

### 8. 交换指令 XCH

该指令在 ⒟₁ 和 ⒟₂ 之间进行数据交换。指令格式如图 4-16 所示。

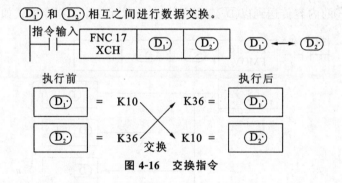

图 4-16　交换指令

### 9. BCD 转换指令 BCD

该指令将 Ⓢ 的 BIN(二进制数)转换成 BCD(十进制数)后传送到 ⒟ 中。Ⓢ 的数据可以转换成 K0～K9999 的 BCD(十进制数)。指令格式如图 4-17 所示。Ⓢ 和 ⒟ 指定位数的时候,参考表 4-1。

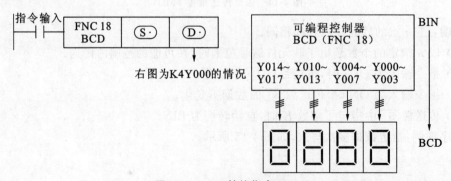

图 4-17　BCD 转换指令 BCD

表 4-1　BCD 转换指令参考位数

| (D·) | 位　数 | 数 据 范 围 |
|---|---|---|
| K1Y000 | 1 位数 | 0～9 |
| K2Y000 | 2 位数 | 00～99 |
| K3Y000 | 3 位数 | 000～999 |
| K4Y000 | 4 位数 | 0000～9999 |

程序举例:

(1) 7 段数码管显示 1 位数的情况,如图 4-18 所示。

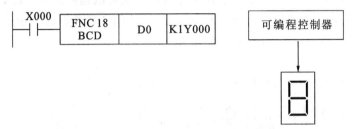

图 4-18　7 段数码管显示 1 位数的情况

(2) 7 段数码管显示 2 位数以上、4 位数以下的情况,如图 4-19 所示。

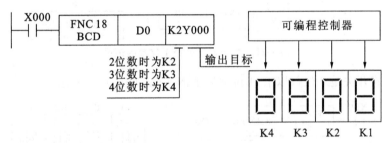

图 4-19　7 段数码管显示 2 位数以上、4 位数以下的情况

### 10. BIN 转换指令 BIN

该指令将 (S·) 的 BCD(十进制数)转换成 BIN(二进制数)后传送到 (D·) 中。(S·) 的数据可以在 0～9999(BCD)的范围内转换。指令格式如图 4-20 所示。(S·) 和 (D·) 指定位数的时候,参考表 4-2。

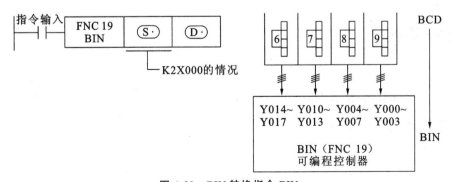

图 4-20　BIN 转换指令 BIN

表 4-2  BIN 转换指令 BIN 参考位数

| (S·) | 位　数 | 数据范围 |
|---|---|---|
| K1X000 | 1 位数 | 0～9 |
| K2X000 | 2 位数 | 00～99 |
| K3X000 | 3 位数 | 000～999 |
| K4X000 | 4 位数 | 0000～9999 |

　　四则运算(＋、－、×、÷)和加 1、减 1 指令等可编程控制器内的运算都以 BIN(二进制数)执行。在将 BCD(十进制数)的数字式开关信息读入可编程控制器中时,使用 BIN(FNC 19)的 BCD→BIN 转换传送指令;在向 BCD(十进制数)的 7 段数码管显示进行输出时,使用 BCD(FNC 18)的 BIN→BCD 的转换传送指令。

　　程序举例:

　　(1) 数字式开关是 1 位数的情况,如图 4-21 所示。

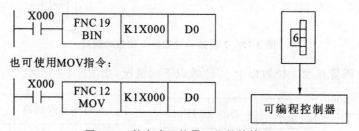

图 4-21　数字式开关是 1 位数的情况

　　(2) 数字式开关是 2 位数以上、4 位数以下的情况,如图 4-22 所示。

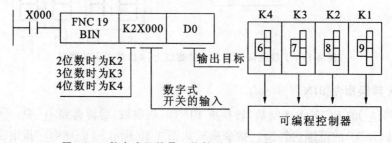

图 4-22　数字式开关是 2 位数以上、4 位数以下的情况

## 任务实施

子任务一:

(1) I/O 地址分配(见表 4-3)。

表 4-3　子任务一 I/O 分配表

| 输　入 | | | 输　出 | | |
|---|---|---|---|---|---|
| 输入元件 | 输入点 | 作用 | 输出元件 | 输出点 | 作用 |
| 按钮 SB0 | X0 | 启动停止 | 电铃 | Y0 | 闹钟 |
| 按钮 SB1 | X1 | 设定调整 | 报警信号 | Y1 | 住宅报警监控 |
| 按钮 SB2 | X2 | 格数试验 | 继电器 | Y2 | 住宅照明 |

（2）程序设计（见图 4-23）。

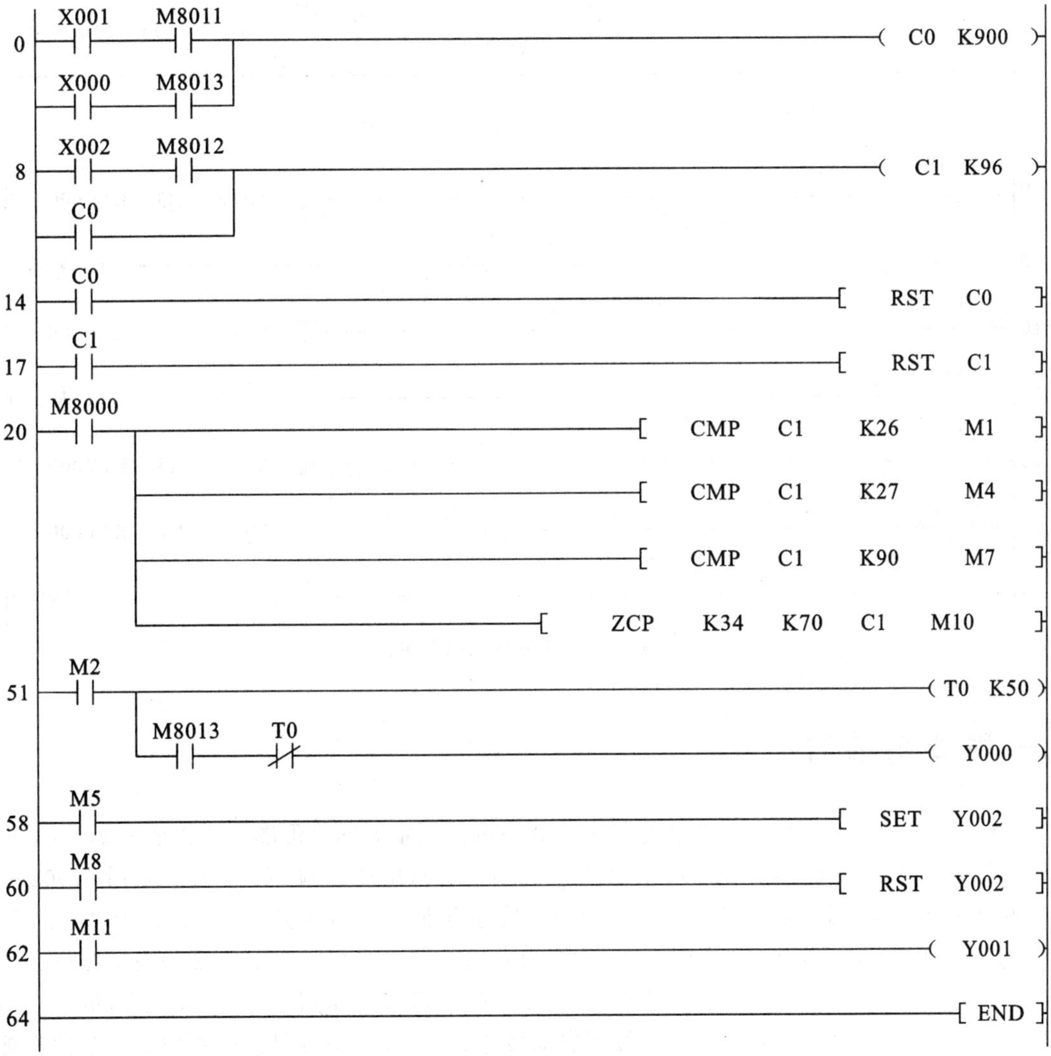

图 4-23　子任务一梯形图

子任务二：

（1）I/O 地址分配（见表 4-4）。

表 4-4　子任务二 I/O 分配表

| 输　入 | | | 输　出 | | |
| --- | --- | --- | --- | --- | --- |
| 输入元件 | 输入点 | 作用 | 输出元件 | 输出点 | 作用 |
| 按钮 SB0 | X0 | 启动 | 主电路接触器 KM | Y0 | 电动机运行 |
| 按钮 SB1 | X1 | 停止 | 控制电路 Y 形接法接触器 $KM_Y$ | Y1 | 绕组接成 Y 形 |
| | | | 控制电路 △ 形接法接触器 $KM_△$ | Y2 | 绕组接成 △ 形 |

（2）程序设计（见图 4-24）。

图 4-24　子任务二梯形图

## 思考与练习

1. 试用 PLC 的 CMP/ZCP 指令编写变频空调控制室温的梯形图。具体要求如下：采集的当前室温存放于数据寄存器 D0 中（数值 1 对应 1 ℃）；启动空调（X000 为 ON）后，Y002 一直驱动电扇工作；当室温低于 18 ℃时，Y000 接通并驱动空调加热；当室温高于 24 ℃时，Y001 接通并驱动空调制冷；关闭空调（X000 为 OFF）时，Y000、Y001、Y002 均失电复位。

2. 设计一个模拟三相六拍步进脉冲的 PLC 控制程序。如图 4-25 所示，三相步进电动机有三个绕组：A、B、C。接通电源并按下启动按钮后，步进电动机即按照图中所示节拍正常工作。请画出 PLC 接线图，并使用 MOV 指令编写出相应的程序（节拍间隔 0.1 s）。

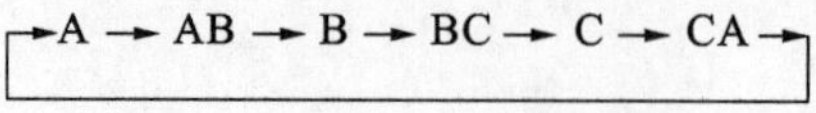

图 4-25　电动机工作示意图

## ◀ 任务二　算术、逻辑运算指令及应用 ▶

### ■ 任务提出

子任务一

利用 PLC 的算术运算指令和 BCD 指令实现车库泊位计数和显示。具体要求为：车库最多能容纳 99 辆车，D0 存放当前车库剩下的泊位，闭合开关后，每有一辆车入库（传感器 K1 为 ON）时，泊位减 1，每有一辆车出库（传感器 K2 为 ON）时，泊位加 1。另外用两位 LED 数码管实时显示当前车库所剩的泊位。

### ■ 任务分析

根据控制要求，可知该系统的输入设备有 2 个传感器、1 个开关；输出设备有 2 位带译码器的 7 段 LED 数码管。

子任务二

某机场装有 16 盏指示灯，用于各种场合的指示，接于 K4Y0。一般情况下，总是有的指示灯是亮的，有的指示灯是灭的。请设计一种电路，用一只开关打开所有的灯，另一只开关关闭所有的灯。

### ■ 任务分析

根据控制要求，可知 16 盏指示灯在 K4Y0 的分布如图 4-26 所示。先为所有的指示灯设置一个状态字 K4Y0，随时将各指示灯的状态存入；再设置一个开灯字和一个关灯字。开灯时把开灯字和灯的状态字相"或"，关灯时将关灯字和灯的状态字相"与"，即可实现控制功能的要求。

图 4-26　机场指示灯开关控制分布示意图

## 相关知识

### 1. BIN 加法运算指令 ADD/ADDP

该指令将 (S₁·) 和 (S₂·) 的内容进行二进制加法运算后传送到 (D·) 中。指令格式如图 4-27 所示。

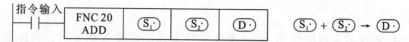

**图 4-27    BIN 加法运算指令 ADD**

其中,各数据的最高位为正(0)、负(1)的符号位,这些数据以代数方式进行加法运算。例如:$5+(-8)=-3$。当 (S₁·) 和 (S₂·) 中指定常数 $K$ 时,会自动地进行 BIN 转换。

相关标志位的动作及数值的正负关系如表 4-5 所示。

**表 4-5    加法运算相关标志位的动作及数值的正负关系**

| 软 元 件 | 名　　称 | 内　　容 |
|---|---|---|
| M8020 | 零 | ON:运算结果为 0 时。<br>OFF:运算结果为 0 以外的数时 |
| M8021 | 借位 | ON:运算结果不到 -32 768(16 位运算)或是 -2 147 483 648(32 位运算)时,借位标志位动作。<br>OFF:运算结果超出 -32 768(16 位运算)或是 -2 147 483 648(32 位运算)时 |
| M8022 | 进位 | ON:运算结果超出 32 767(16 位运算)或是 2 147 483 647(32 位运算)时,进位标志位动作。<br>OFF:运算结果不到 32 767(16 位运算)或是 2 147 483 647(32 位运算)时 |

程序举例:

采用加 1 加法运算程序的 ADD 指令和 INC 指令的区别。

ADD(P)指令就是每次 X001 从 OFF 变为 ON 时,D0 的内容进行加 1 运算。这个指令虽然与后面的 INCP 指令很类似,但是有一些内容上的不同。ADDP 指令与 INCP 指令的格式如图 4-28 所示。加法运算指令与加 1 运算指令的区别如表 4-6 所示。

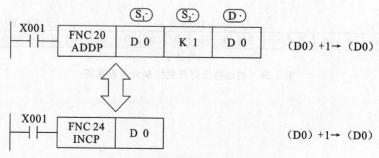

**图 4-28    ADDP 指令和 INCP 指令**

表 4-6 加法运算指令与加 1 运算指令的区别

| 标志位(零、借位、进位) | | | ADD/ADDP/DADD/DADDP 指令 动作 | INC/INCP/DINC/DINCP 指令 不动作 |
|---|---|---|---|---|
| 运算结果 | 16 位运算 | (S·)+(+1)=(D·) | $-32\ 767\rightarrow0\rightarrow+1\rightarrow+2\rightarrow$ | $+32\ 767\rightarrow-32\ 768\rightarrow-32\ 767$ |
| | | (S·)+(-1)=(D·) | $\leftarrow-2\leftarrow-1\leftarrow0\leftarrow-32\ 768$ | — |
| | 32 位运算 | (S·)+(+1)=(D·) | $+2\ 147\ 483\ 647\rightarrow0\rightarrow+1\rightarrow+2\rightarrow$ | $+2\ 147\ 483\ 647\rightarrow-2\ 147\ 483\ 648\rightarrow-2\ 147\ 483\ 647$ |
| | | (S·)+(-1)=(D·) | $\leftarrow-2\leftarrow-1\leftarrow0\leftarrow-2\ 147\ 483\ 648$ | — |

## 2. BIN 减法运算指令 SUB/SUBP

该指令将 (S₁·) 和 (S₂·) 的内容进行二进制减法运算后传送到 (D·) 中,指令格式如图 4-29 所示。

图 4-29 BIN 减法运算指令 SUB

其中,各数据的最高位为正(0)、负(1)的符号位,这些数据以代数方式进行减法运算。例如:5-(-8)=13。当 (S₁·) 和 (S₂·) 中指定常数 K 时,会自动地进行 BIN 转换。

相关标志位的动作及数值的正负关系如表 4-7 所示。

表 4-7 减法运算相关标志位的动作及数值的正负关系

| 软 元 件 | 名 称 | 内 容 |
|---|---|---|
| M8020 | 零 | ON:运算结果为 0 时 OFF:运算结果为 0 以外的数时 |
| M8021 | 借位 | ON:运算结果不到-32 768(16 位运算)或是-2 147 483 648(32 位运算)时 借位标志位动作。 OFF:运算结果超出-32 768(16 位运算)或是-2 147 483 648(32 位运算)时 |
| M8022 | 进位 | ON:运算结果超出 32 767(16 位运算)或是 2 147 483 647(32 位运算)时,进位标志位动作。 OFF:运算结果不到 32 767(16 位运算)或是 2 147 483 647(32 位运算)时 |

程序举例:

采用减 1 减法运算程序的 SUB 指令和 DEC 指令的区别。

SUB(P)指令就是每次 X001 从 OFF 变为 ON 时,D0 的内容进行减 1 运算。这个指令虽然与后面的 DECP 指令很类似,但是有一些内容上的不同。SUBP 指令与 DECP 指令的格式如图 4-30 所示。减法运算指令与减 1 运算指令的区别如表 4-8 所示。

表 4-8  减法运算指令与减 1 运算指令的区别

| 标志位(零、借位、进位) | | (D)SUB 指令<br>动作 | (D)DEC 指令<br>不动作 |
|---|---|---|---|
| 运算结果 | 16 位运算 $(S·)-(+1)=(D·)$ | ←-2←-1←0←-32 768 | — |
| | $(S·)-(-1)=(D·)$ | +32 767→0→+1→+2→ | +32 767→-32 768→-32 767 |
| | 32 位运算 $(S·)-(+1)=(D·)$ | ←-2←-1←0←-2 147 483 648 | — |
| | $(S·)-(-1)=(D·)$ | +2 147 483 647→0→+1→+2→ | +2 147 483 647→-2 147 483 648→-2 147 483 647 |

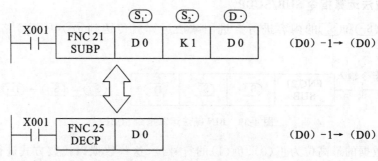

图 4-30  SUBP 指令和 DECP 指令

### 3. BIN 乘法运算指令 MUL

该指令将 $(S_1·)$ 和 $(S_2·)$ 的内容进行二进制乘法运算后传送到 32 位的 $[(D·)+1,(D·)]$（双字）中。指令格式如图 4-31 所示。

图 4-31  BIN 乘法运算指令 MUL

其中,各数据的最高位为正(0)、负(1)的符号位,这些数据以代数方式进行乘法运算。例如：$5×(-8)=-40$。当 $(S_1·)$ 和 $(S_2·)$ 中指定常数 K 时,会自动地进行 BIN 转换。

$[(D·)+1,(D·)]$ 可以指定 K1~K8 的位数。例如,指定 K2 时,只能得到乘积(32 位)中的低 8 位,如图 4-32 所示。

相关标志位的动作和数值关系如表 4-9 所示。

表 4-9  乘法运算相关标志位的动作和数值关系

| 软 元 件 | 名　称 | 内　容 |
|---|---|---|
| M8304 | 零位 | ON：运算结果为 0 时。<br>OFF：运算结果为 0 以外的数时 |

程序举例：

(1) 16 位运算,如图 4-33 所示。

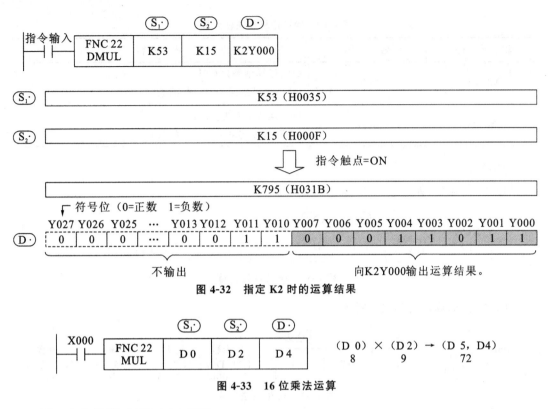

图 4-32 指定 K2 时的运算结果

图 4-33 16 位乘法运算

（2）32 位运算,如图 4-34 所示。

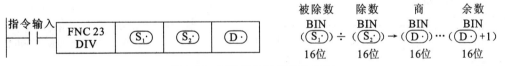

图 4-34 32 位乘法运算

### 4. BIN 除法运算指令 DIV

该指令将 $\widehat{S_1}$ 的内容作为被除数, $\widehat{S_2}$ 的内容作为除数,商传送到 $\widehat{D}$ 中,余数传送到 $\widehat{D}$ +1 中。指令格式如图 4-35 所示。

| 指令输入 | FNC 23 DIV | $\widehat{S_1}$ | $\widehat{S_2}$ | $\widehat{D}$ |

被除数 除数 商 余数
BIN BIN BIN BIN
$(\widehat{S_1}) \div (\widehat{S_2}) \rightarrow (\widehat{D}) \cdots (\widehat{D}+1)$
16位 16位 16位 16位

图 4-35 BIN 除法运算指令 DIV

其中,各数据的最高位为正(0)、负(1)的符号位,这些数据以代数方式进行乘法运算。例如:[36÷(−5)=−7(商),1(余数)]。运算结果(商、余数)会占用指定 $\widehat{D}$ 开始合计 2 点的软元件,所以不能与其他控制重复。当 $\widehat{S_1}$ 和 $\widehat{S_2}$ 中指定常数 $K$ 时,会自动地进行 BIN 转换。相关软元件如表 4-10 所示。

表 4-10　除法运算相关软元件

| 软 元 件 | 名 称 | 内 容 |
|---|---|---|
| M8304 | 零位 | ON:运算结果为 0 时。<br>OFF:运算结果为 0 以外的数时 |
| M8306 | 进位 | ON:运算结果为 0 时。<br>OFF:运算结果为 0 以外的数时 |

程序举例：

（1）16 位运算，如图 4-36 所示。

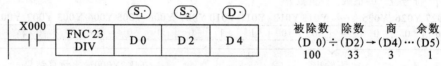

图 4-36　16 位除法运算

（2）32 位运算，如图 4-37 所示。

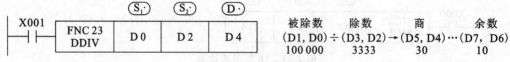

图 4-37　32 位除法运算

### 5. BIN 加 1 运算指令 INC

该指令将 ⑩ 的内容进行加 1 运算后，传送到 ⑩ 中。指令格式如图 4-38 所示。

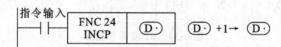

图 4-38　BIN 加 1 运算指令

在连续执行型指令中，每个运算周期都执行加 1 运算。+32 767 加 1 后，变为 -32 768，但是标志位（零、借位、进位）不动作。

程序举例如图 4-39 所示。

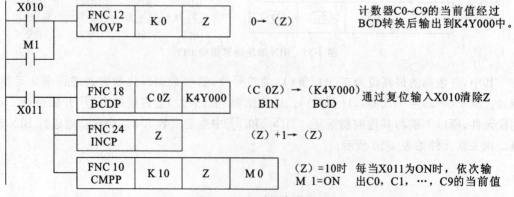

图 4-39　加 1 指令举例

**6. BIN 减 1 运算指令 DEC**

该指令将 (D·) 的内容进行减 1 运算后,传送到 (D·)中。指令格式如图 4-40 所示。

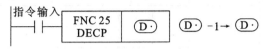

图 4-40　BIN 减 1 运算指令

−32 768 减 1 后,变为＋32 767,但是标志位(零、借位、进位)不动作。

**7. 逻辑与运算指令 WAND**

该指令将 (S₁·) 和 (S₂·) 的内容以位为单位进行逻辑与(AND)运算后,传送到 (D·)中。指令格式如图 4-41 所示。

图 4-41　逻辑与运算指令

当指令输入为 OFF 时,传送目标 (D·) 的数据不变化;为 ON 时,传送源 (S₁·)、(S₂·) 的数据不变化。传送源 (S₁·) 和 (S₂·) 中指定常数 $K$ 时,会自动地进行 BIN 转换。

逻辑与运算以位为单位,如表 4-11 所示。($1\wedge1=1,0\wedge1=0,1\wedge0=0,0\wedge0=0$;表中 $1=ON,0=OFF$)

表 4-11　位单位的逻辑与运算

| | (S₁·) | (S₂·) | (D·) |
|---|---|---|---|
| | | | WAND 指令 |
| 位单位的逻辑与运算 | 0 | 0 | 0 |
| | 1 | 0 | 0 |
| | 0 | 1 | 0 |
| | 1 | 1 | 1 |

**8. 逻辑或运算指令 WOR**

该指令将 (S₁·) 和 (S₂·) 的内容以位为单位进行逻辑或(OR)运算后,传送到 (D·)中。指令格式如图 4-42 所示。

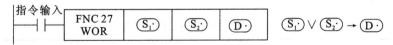

图 4-42　逻辑或运算指令

当指令输入为 OFF 时,传送目标 (D·) 的数据不变化;为 ON 时,传送源 (S₁·)、(S₂·) 的数据不变化。传送源 (S₁·) 和 (S₂·) 中指定常数 $K$ 时,会自动地进行 BIN 转换。

逻辑或运算以位为单位,如表 4-12 所示。($1\vee1=1,0\vee1=1,1\vee0=1,0\vee0=0$;表中 $1=ON,0=OFF$)

表 4-12    位单位的逻辑或运算

| | $S_1\cdot$ | $S_2\cdot$ | $D\cdot$ |
|---|---|---|---|
| | | | WOR 指令 |
| 位单位的逻辑或运算 | 0 | 0 | 0 |
| | 1 | 0 | 1 |
| | 0 | 1 | 1 |
| | 1 | 1 | 1 |

**9. 逻辑异或运算指令 WXOR**

该指令将$S_1\cdot$和$S_2\cdot$的内容以位为单位进行逻辑异或（XOR）运算后，传送到$D\cdot$中。指令格式如图 4-43 所示。

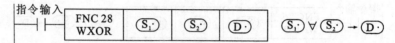

图 4-43    逻辑异或运算指令

当指令输入为 OFF 时，传送目标$D\cdot$的数据不变化；为 ON 时，传送源$S_1\cdot$、$S_2\cdot$的数据不变化。传送源$S_1\cdot$和$S_2\cdot$中指定常数 $K$ 时，会自动地进行 BIN 转换。

逻辑或运算以位为单位，如表 4-13 所示。（$1 \forall 1 = 0, 0 \forall 1 = 1, 1 \forall 0 = 1, 0 \forall 0 = 0$；表中 1 = ON，0 = OFF）

表 4-13    位单位的逻辑异或运算

| | $S_1\cdot$ | $S_2\cdot$ | $D\cdot$ |
|---|---|---|---|
| | | | WXOR 指令 |
| 位单位的逻辑异或运算 | 0 | 0 | 0 |
| | 1 | 0 | 1 |
| | 0 | 1 | 1 |
| | 1 | 1 | 0 |

# ■ 任务实施

子任务一：

（1）I/O 地址分配（见表 4-14）。

表 4-14    子任务一 I/O 分配表

| 类 型 | 元件名称 | 地 址 | 作 用 |
|---|---|---|---|
| 输 入 | 开关 QS | X0 | 启停系统 |
| | 光电开关 K1 | X1 | 有车入库 |
| | 光电开关 K2 | X2 | 有车出库 |
| 输 出 | 个位 LED 数码管 | Y0～Y3 | 驱动个位数显示 |
| | 十位 LED 数码管 | Y4～Y7 | 驱动十位数显示 |

（2）系统 I/O 接线图（见图 4-44）。

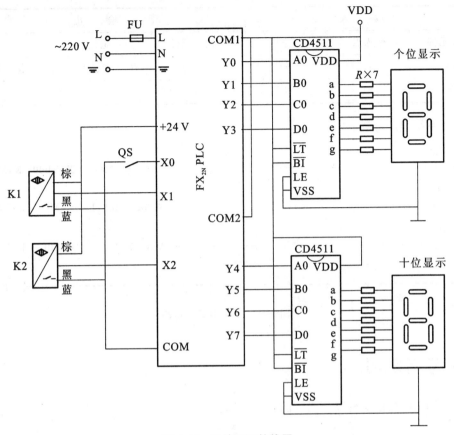

图 4-44　系统 I/O 接线图

（3）系统程序（见图 4-45）。

```
     M8002
0 ───┤├──────────────────────────────────[ MOVP   K99    D0 ]

     X000
6 ───┤├──────┬───────────────────────────[ BCD    D0    K2Y000 ]
             │
             │ X001
             ├──┤├───────────────────────[ DECP   D0 ]
             │
             │ X002
             └──┤├───────────────────────[ INCP   D0 ]

22 ──────────────────────────────────────[ END ]
```

图 4-45　子任务一梯形图

子任务二：

（1）I/O 地址分配（见表 4-15）。

表 4-15　子任务二 I/O 分配表

| 输　入 | | | 输　出 | | |
| --- | --- | --- | --- | --- | --- |
| 输入元件 | 输入点 | 作用 | 输出元件 | 输出点 | 作用 |
| SB0 | X0 | 全开 | 指示灯 | Y0～Y7、Y10～Y17 | 指示灯驱动 |
| SB1 | X1 | 全灭 | | | |

（2）系统程序（见图 4-46）。

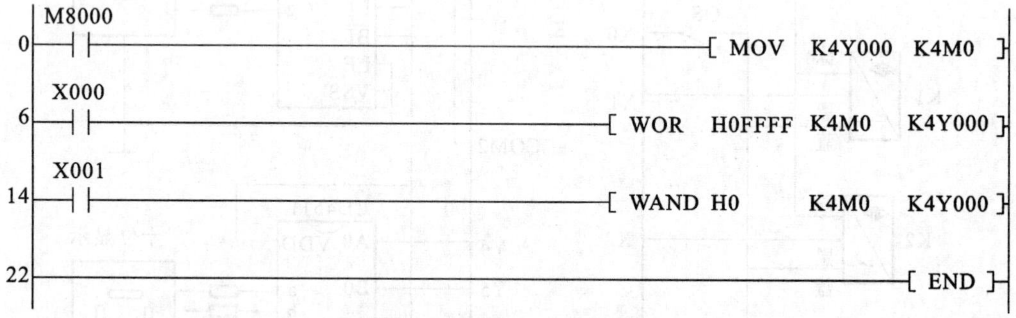

```
    M8000
0 ──┤├──────────────────────────────[ MOV   K4Y000  K4M0 ]

    X000
6 ──┤├──────────────────────[ WOR   H0FFFF  K4M0  K4Y000 ]

    X001
14 ─┤├──────────────────────[ WAND  H0      K4M0  K4Y000 ]

22 ─────────────────────────────────────────────[ END ]
```

图 4-46　子任务二梯形图

## ■ 思考与练习

1. 用 PLC 编程实现以下式子的算术运算：

$$Y = \frac{15X+2}{3} - 10$$

2. 用 PLC 的算术指令实现如下控制：12 盏彩灯，每隔 1 s 正序点亮至全亮，再反序熄灭至全灭，以此循环。各彩灯状态变化的时间间隔为 1 s。

## ◀ 任务三　循环移位指令及应用 ▶

## ■ 任务提出

某灯光招牌有 L1～L8 共 8 盏灯，接于 K2Y0（Y0～Y7）。要求当 X0 为 ON 时，灯先以正序每隔 2 s 轮流点亮，当 Y7 亮后，停 4 s；然后以反序每隔 1 s 轮流点亮，当 Y0 再亮后，停 2 s，重复上述过程。当 X1 为 ON 时，停止工作。

## ■ 任务分析

根据控制要求，流水灯控制需要 2 个输入点、8 个输出点，其 I/O 地址分配如表 4-16 所示。

表 4-16  I/O 地址分配表

| 类 型 | 元件名称 | 地 址 | 作 用 |
|---|---|---|---|
| 输入 | 开关 SB1 | X000 | 启动 |
| 输入 | 开关 SB2 | X001 | 停止 |
| 输出 | 灯 L1～L8 | Y000～Y007 | 点亮 L1～L8 指示灯 |

## ■ 相关知识

### 1. 循环右移指令 ROR/RORP

该指令将 $\textcircled{D}\cdot$ 中的 16 位中的 $n$ 位循环右移。最后的位保存在进位标志 M8022 中(最后从最低位移出的位为 1 时为 ON)。位数指定软元件的情况下,K4(如 K4Y010)有效。如图4-47 所示。

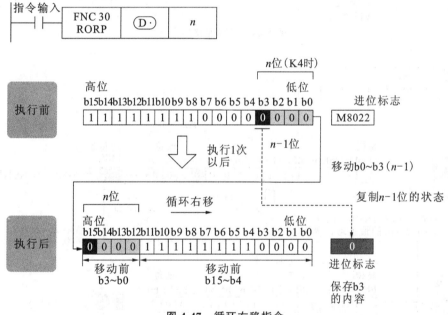

图 4-47  循环右移指令

### 2. 循环左移指令 ROL/ROLP

该指令将 $\textcircled{D}\cdot$ 中的 16 位中的 $n$ 位循环左移。最后的位保存在进位标志 M8022 中(最后从最高位移出的位为 1 时为 ON)。位数指定软元件的情况下,K4(如 K4Y010)有效。如图4-48 所示。

### 3. 带进位循环右移指令 RCR/RCRP

该指令将 $\textcircled{D}\cdot$ 中的 16 位＋1 位(进位标志 M8022)向右移动 $n$ 位。最后的位保存在进位标志 M8022 中(最后从最低位移出的位为 1 时为 ON)。位数指定软元件的情况下,K4(如K4Y010)有效。如图4-49 所示。

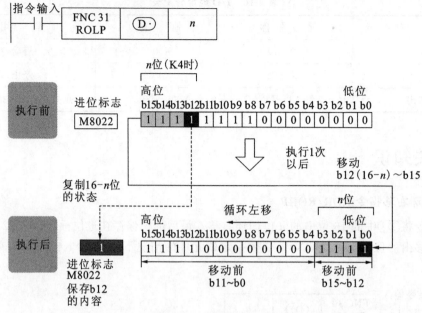

图 4-48　循环左移指令

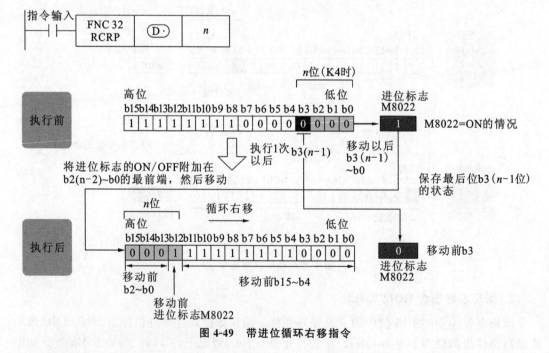

图 4-49　带进位循环右移指令

因为循环回路中有进位标志,所以如果执行循环移位指令之前 M8022 就先为 ON 或 OFF,则会被送入目标操作数中。

**4. 带进位循环左移指令 RCL/RCLP**

该指令将 ⒹⱢ 中的 16 位＋1 位(进位标志 M8022)向右移动 $n$ 位。最后的位保存在进位标志 M8022 中(最后从最高位移出的位为 1 时为 ON)。位数指定软元件的情况下,K4(如 K4Y010)有效。如图 4-50 所示。

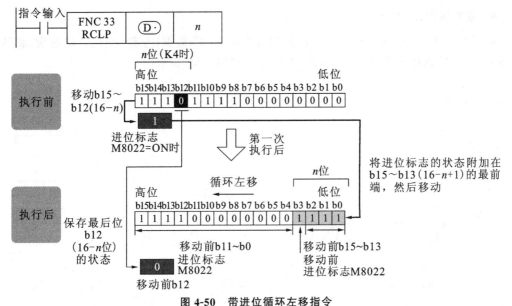

图 4-50   带进位循环左移指令

因为循环回路中有进位标志,所以如果执行循环移位指令之前 M8022 就先为 ON 或 OFF,则会被送入目标操作数中。

### 5. 位右移指令 SFTR/SFTRP

该指令对于以 ⑤ 起始的 $n1$ 位(移位寄存器的长度)数据,右移 $n2$ 位。移位后,将 ⑤ 开始的 $n2$ 位数据传送到从 ⑩+$n1$−$n2$ 开始的 $n2$ 位中。如图 4-51 所示。

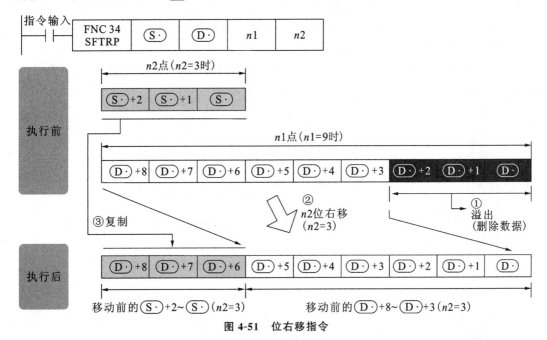

图 4-51   位右移指令

SFTRP 指令中,每次当指令输入从 OFF 变为 ON 时,执行 $n2$ 位移位。但是 SFTR 指令中,每个扫描周期(运算周期)都执行移位。

当传送源 ⑤ 和移位软元件 ⑩ 重复时,会发生运算出错。

### 6. 位左移指令 SFTL/SFTLP

该指令对于以 ⑩ 起始的 $n1$ 位（移位寄存器的长度）数据，左移 $n2$ 位。移位后，将 ⑤ 开始的 $n2$ 位数据传送到从 ⑩ 开始的 $n2$ 位中。如图 4-52 所示。

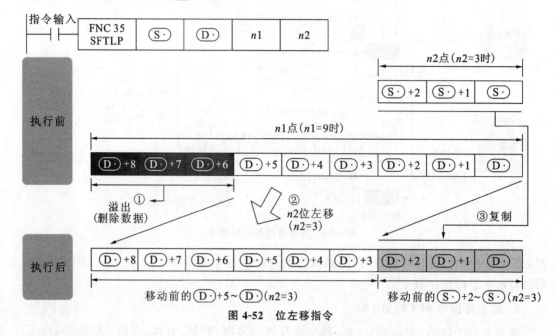

图 4-52 位左移指令

SFTLP 指令中，每次当指令输入从 OFF 变为 ON 时，执行 $n2$ 位移位。但是 SFTL 指令中，每个扫描周期（运算周期）都执行移位。

当传送源 ⑤ 和移位软元件 ⑩ 重复时，会发生运算出错。

程序举例：带条件一位数据的步进。

使 X000～X007 依次置 ON，则 Y000～Y007 也依次动作，一旦顺序错误，将不会动作，如图 4-53 所示。

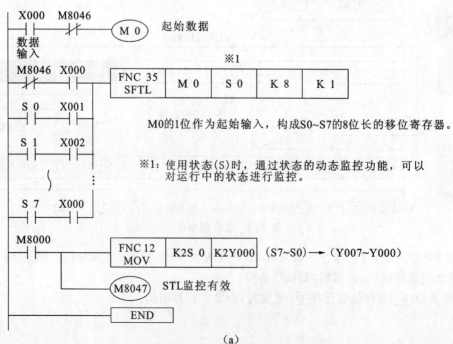

(a)

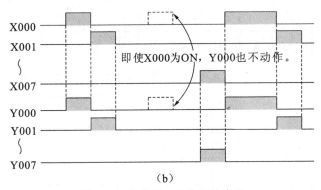

图 4-53　带条件一位数据的步进

### 7. 字右移指令 WSFR/WSFRP

该指令对于以 $\boxed{D\cdot}$ 起始的 $n1$ 个字软元件,右移 $n2$ 个字。移位后,将 $\boxed{S\cdot}$ 开始的 $n2$ 点数据传送到从 $\boxed{D\cdot}$＋$n1$－$n2$ 开始的 $n2$ 点中。如图 5-54 所示。

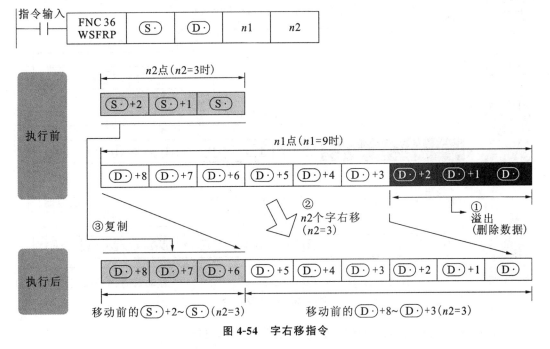

图 4-54　字右移指令

WSFRP 指令中驱动输入为 ON 时,移动 $n2$ 个字,但是在 WSFR 指令中每个扫描周期都会执行移动。

当传送源 $\boxed{S\cdot}$ 和移位软元件 $\boxed{D\cdot}$ 重复时,会发生运算出错。

程序举例:位数指定软元件的位移,如图 4-55 所示。

### 8. 字左移指令 WSFL/WSFLP

该指令对于以 $\boxed{D\cdot}$ 起始的 $n1$ 个字软元件,左移 $n2$ 个字。移位后,将 $\boxed{S\cdot}$ 开始的 $n2$ 点数据传送到从 $\boxed{D\cdot}$ 开始的 $n2$ 点中。如图 4-56 所示。

WSFLP 指令中,每次当指令输入从 OFF 变为 ON,就执行 $n2$ 个字的移位。但是在 WSFL 指令中每个运算周期都会执行移位。

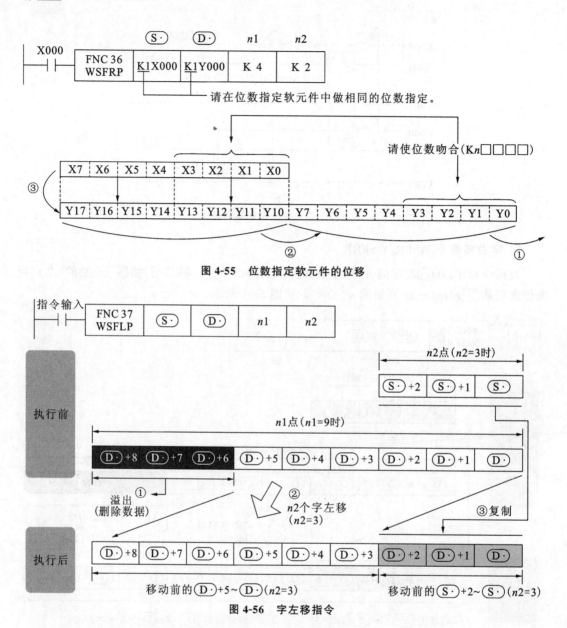

图 4-55  位数指定软元件的位移

图 4-56  字左移指令

当传送源(S·)和移位软元件(D·)重复时,会发生运算出错。

**9. 移位写入指令 SFWR/SFWRP(先入先出/先入后出控制用)**

该指令为先入先出和先入后出控制准备的数据写入指令。在(D·)+1 开始的 n−1 点中依次写入(S·)的内容,并对(D·)中保存的数据数+1。例如,(D·)=0 时,写入(D·)+1;(D·)=1时,写入(D·)+2。如图 4-57 所示。

指令输入从 OFF 变为 ON 时,(S·)的内容被保存到(D·)+1 中,(D·)+1 的内容变为(S·)的值。

(S·)的内容变化后再次执行输入从 OFF 变为 ON 后,(S·)的内容被保存到(D·)+2 中,(D·)+2 的内容变为(S·)的值。由于用连续执行型指令 SFWR,每个运算周期都依次被保存,因此要用脉冲执行型指令 SFWRP 编程。

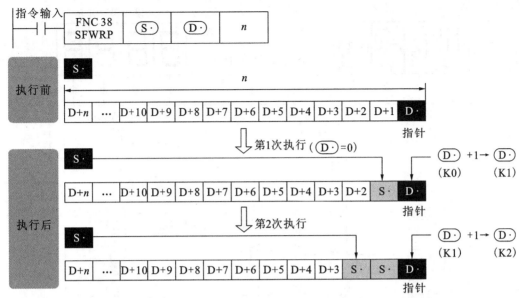

图 4-57　移位写入指令

当指针⑩的内容超过 $n-1$ 时,变为无处理(不写入),且进位标志 M8022 置 ON。

当传送源⑤和移位软元件⑩重复时,会发生运算出错。

程序举例:先入先出控制。

登记产品编号的同时,为了能实现先入库的物品先出库这样的先入先出原则,输出当前应该取的产品编号,如图 4-58 所示。(产品编号为 4 位数以下的 16 进制数,最大库存量在99 点以下)

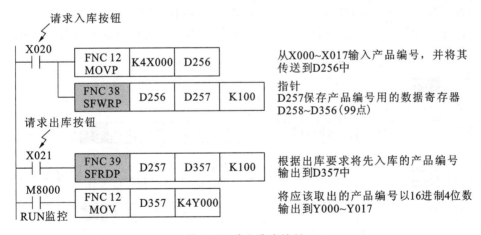

图 4-58　先入先出控制

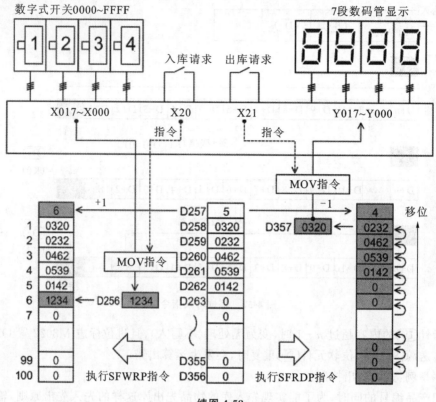

续图 4-58

### 10. 移位读出指令 SFRD/SFRDP（先入先出控制用）

该指令为先入先出控制准备的数据读出指令。该指令被依次写入的 $(S_1·)$＋1 传送（读出）到 $(D·)$ 中后，从 $(S_1·)$＋1 开始的 $n-1$ 点逐字右移，$(D·)$ 中保存的数据数减 1。如图 4-59所示。

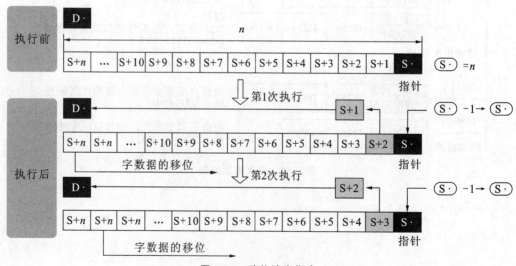

图 4-59　移位读出指令

指令触点为 ON 时，⑤·+1 的内容传送（读出）到 ⑩· 中。与此同时，指针 ⑤· 的内容减少，左侧的数据逐字右移。由于用连续执行型指令 SFRD，每个运算周期都移位，因此要用脉冲执行型指令 SFRDP 编程。

数据的读出，通常从 ⑤·+1 开始执行，但是指针 ⑤· 的内容为 0 时，零标志位 M8020 动作。（⑩· 为 0 时为无处理，且 M8020 置 ON）

执行读出后，⑤·+n 的内容不会因为读出而变化。

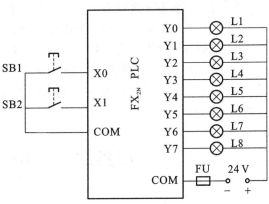

图 4-60　系统 I/O 接线图

## 任务实施

（1）系统 I/O 接线图如图 4-60 所示。

（2）程序设计如图 4-61 所示。

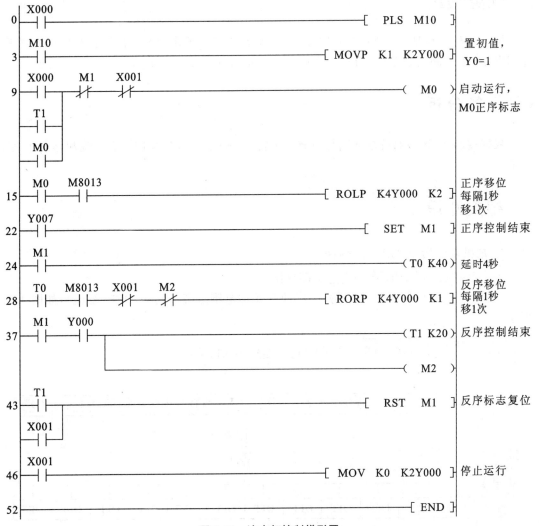

图 4-61　流水灯控制梯形图

## ■ 思考与练习

1. 某台设备有 8 台电动机,为了减小电动机同时启动对电源的影响,利用位移指令实现间隔 10 s 的顺序通电控制。按下停止按钮时,同时停止工作。

2. 某街道十字路口交通灯,纵、横方向各有绿、黄、红 3 个灯,试用循环移位指令设计程序,实现如下要求:假设纵向绿灯亮 30 s 后,黄灯闪烁 3 次,每次 1 s,后红灯亮 30 s;这时横向灯正与纵向相反,即红灯亮 30 s 后黄灯闪烁 3 次(每次 1 s),后绿灯亮 30 s,以这种方式反复纵横交叉进行。

# ◀ 任务四　数据处理指令及应用 ▶

## ■ 任务提出

用一个开关实现 5 台电动机每隔 6 s 顺序启动控制。要求:合上开关时,M1～M5 按顺序间隔 6 s 的时间启动运行;断开开关时,5 台电动机同时停止工作。

## ■ 任务分析

根据控制要求,该系统输入信号只有一个:X0。输出信号是控制 5 台电动机运行的 Y0～Y4。

## ■ 相关知识

### 1. 成批复位指令 ZRST/ZRSTP

该指令将同一种类的 ⒟₁～⒟₂ 全部复位。

当 ⒟₁、⒟₂ 为位软元件时,⒟₁～⒟₂ 的软元件范围全部被写入 OFF(复位),如图 4-62 所示。

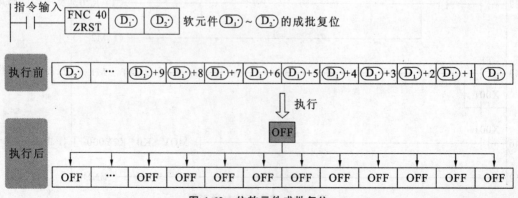

图 4-62　位软元件成批复位

当$(D_1)$、$(D_2)$为字软元件时，$(D_1)$~$(D_2)$的软元件范围全部被写入 K0。如图 4-63 所示。

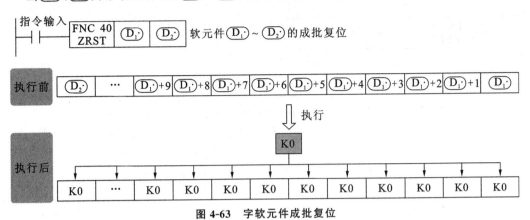

图 4-63　字软元件成批复位

注意，指定软元件时，$(D_1)$，$(D_2)$为同一种类的软元件，且$(D_1)$编号≤$(D_2)$编号。当$(D_1)$编号>$(D_2)$编号时，$(D_1)$中指定的软元件仅仅复位 1 点。

此外，ZRST 指令作为 16 位处理的指令，也可以在$(D_1)$、$(D_2)$中指定 32 位计数器。但是，不允许出现类似$(D_1)$中指定 16 位计数器，$(D_2)$中指定 32 位计数器的混合情况。如图 4-64 所示。

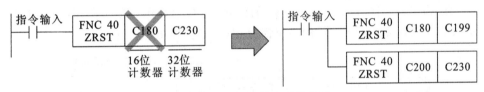

图 4-64　ZRST 不允许出现的情况

程序举例：将保持区域的软元件作为非保持使用的情况。

当可编程控制器为 ON 和 RUN 时，对位软元件和字软元件的指定范围执行复位，如图 4-65 所示。

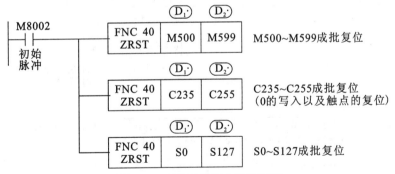

图 4-65　成批复位指令应用实例

## 2. 译码指令 DECO/DECOP

该指令将与$(S)$的值相对应的$(D)$~$(D)$+$2^n$-1 中的 1 个置 ON。

(1) $(D)$为位软元件($1 \leqslant n \leqslant 8$)时，$(S)$中指定的软元件的 $n$($1 \leqslant n \leqslant 8$)位数，在$(D)$中被译码。$(S)$都为 0 时，位软元件$(D)$为 ON。$n=8$，$(D)$为位软元件时，最大到 $2^8$(256)点。如

图 4-66 所示。

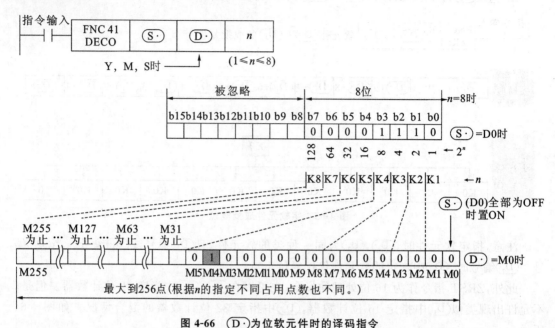

图 4-66　Ⓓ·为位软元件时的译码指令

　　(2) Ⓓ·为字软元件(1≤$n$≤4)时,Ⓢ·的低 $n$ 位在Ⓓ·中被译码。Ⓢ·都为 0 时,字软元件Ⓓ·的 b0 为 ON。$n$≤3 时,Ⓓ·的高位都为 0(OFF)。如图 4-67 所示。

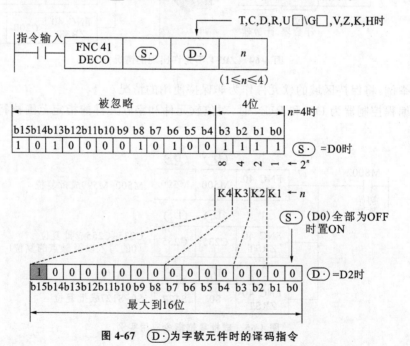

图 4-67　Ⓓ·为字软元件时的译码指令

　　指令输入为 OFF 时,不执行指令,但是已经在运行的译码输出会保持之前的 ON/OFF 状态。$n$ 为 0 时的指令为不处理。

　　程序举例:

（1）根据数据寄存器的数值，使位软元件置 ON 的情况，如图 4-68 所示。（D0 的值（当前值取 14）在 M0～M15 中译码）

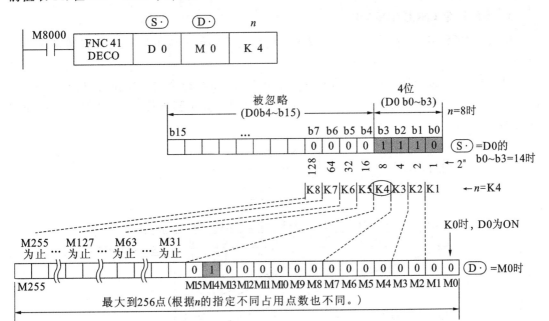

图 4-68　根据数据寄存器的数值，使位软元件置 ON 的情况

D0 的 b0～b3 的值为 14（0+2+4+8）时，M0 开始的第 15 号的 M14 为 1（ON）。D0=0 时，M0 为 1（ON）。

使 $n$=K4，根据 D0（0～15）的数值，M0～M15 中任意一个为 1 点（ON）。

若使 $n$ 在 K1～K8 之间变化，D0 就可以对应 0～255 的数值。但是这样的话作为译码所需的 ⓓ 的软元件范围就被占用了，所以注意不能与其他控制重复。

（2）根据位软元件的内容，使字软元件中的位置 ON 的情况，如图 4-69 所示。（X000～X002 的值（X000，X001 为 ON，X002 为 OFF）在 D0 中译码）

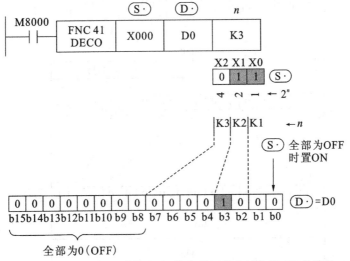

图 4-69　根据位软元件的内容，使字软元件中的位置 ON 的情况

其中,X000～X002 的值为 3(1＋2＋0)时,b0 开始的第 4 号的 b3 为 1(ON)。X000～X002 都为 0(OFF)时,b0 为 1(ON)。

**3. 编码指令 ENCO/ENCOP**

该指令在 $\textcircled{D}$ 中保存 $\textcircled{S}$ 的 $2^n$ 位编码后的值。编码就是将 ON 位的位置转换成 BIN 数据。

(1) $\textcircled{D}$ 为位软元件($1 \leqslant n \leqslant 8$)时,$\textcircled{S}$ 开始 $2^n$($1 \leqslant n \leqslant 8$)个的 ON 位位置,在 $\textcircled{D}$ 中编码。$n=8$ 时,$\textcircled{S}$ 为最大 $2^8=256$ 点。$\textcircled{D}$ 的编码结果从高位到低位 $n$ 位,全部为 0(OFF)。如图 4-70 所示。

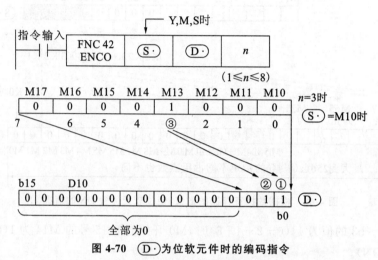

图 4-70 $\textcircled{D}$ 为位软元件时的编码指令

(2) $\textcircled{D}$ 为字软元件($1 \leqslant n \leqslant 4$)时,到 $\textcircled{S}$ 中指定的软元件的位 $2^n$($1 \leqslant n \leqslant 4$)个为止的 ON 位位置,都在 $\textcircled{D}$ 中编码。$\textcircled{D}$ 的编码结果从高位到低位 $n$ 位,全部为 0(OFF)。如图 4-71所示。

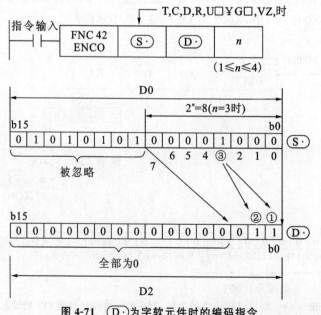

图 4-71 $\textcircled{D}$ 为字软元件时的编码指令

指令输入为 OFF 时,不执行指令,但是已经在运行的编码输出会保持之前的 ON/OFF 状态。⑤ 的数据中多个位为 ON 时,忽略低位侧,对高位侧的 ON 位位置进行编码。

### 4. 求平均值指令 MEAN/MEANP

该指令将 ⑤ 开始的 $n$ 个 16 位数据的平均值保存到 ⑩ 中。合计是求出代数和后被 $n$ 除,且余数舍去。如图 4-72 所示。

图 4-72　求平均值指令

$n$ 的取值范围为 $1\sim64$。否则,会发生运算出错(M8067)。

程序举例:

将 D0、D1、D2 的数据相加,除以 3 后求得的值保存到 D10 中,如图 4-73 所示。

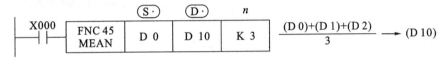

图 4-73　求平均值指令应用实例

### 5. 信号报警器置位指令 ANS

该指令对信号报警器用的状态继电器(S900~S999)进行置位用。当指令输入超出判定时间($m\times100$ ms,定时器 ⑤)持续为 ON 时,设置 ⑩;当指令输入不满判定时间($m\times100$ ms)就已为 OFF 时,复位判定用定时器 ⑤ 的当前值,不设置 ⑩。此外,指令输入为 OFF 后,判定用定时器复位。如图 4-74 所示。

图 4-74　信号报警器置位指令

相关软元件如表 4-17 所示。

表 4-17　相关软元件

| 软 元 件 | 名 称 | 内 容 |
| --- | --- | --- |
| M8049 | 信号报警器有效 | M8049 置 ON 后,下面的 M8048 和 D8049 工作 |
| M8048 | 信号报警器动作 | M8049 为 ON,状态继电器 S900~S999 中任一动作的时候,M8048 置 ON |
| D8049 | ON 状态最小编号 | 保存 S900~S999 中动作的最小编号 |

程序举例:通过信号报警器显示故障编号。

如图 4-75 所示,编写诊断外部故障用的程序,如监控 D8049(ON 状态最小编号)的内容时,会显示 S900～S999 中为 ON 状态的最小编号。同时发生多个故障时,排除了最小编号的故障后可以得知下一个故障编号。

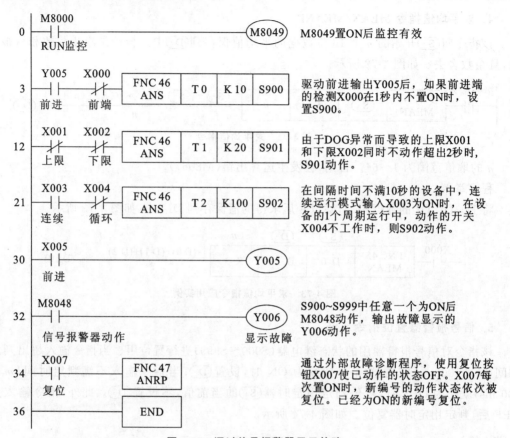

0 ┤├ M8000 RUN监控 ─────────────────────────( M8049 )  M8049置ON后监控有效

3 Y005 前进 ─ X000 前端 ─ FNC 46 ANS │ T 0 │ K 10 │ S900  驱动前进输出Y005后,如果前进端的检测X000在1秒内不置ON时,设置S900。

12 X001 上限 ─ X002 下限 ─ FNC 46 ANS │ T 1 │ K 20 │ S901  由于DOG异常而导致的上限X001和下限X002同时不动作超出2秒时,S901动作。

21 X003 连续 ─ X004 循环 ─ FNC 46 ANS │ T 2 │ K100 │ S902  在间隔时间不满10秒的设备中,连续运行模式输入X003为ON时,在设备的1个周期运行中,动作的开关X004不工作时,则S902动作。

30 X005 前进 ────────────────────────────( Y005 )

32 M8048 信号报警器动作 ─────────────────( Y006 )显示故障  S900～S999中任意一个为ON后M8048动作,输出故障显示的Y006动作。

34 X007 复位 ── FNC 47 ANRP  通过外部故障诊断程序,使用复位按钮X007使已动作的状态OFF。X007每次置ON时,新编号的动作状态依次被复位。已经为ON的新编号复位。

36 ── END

图 4-75  通过信号报警器显示故障

### 6. 信号报警器复位指令 ANR/ANRP

该指令对信号报警器(S900～S999)中已经置 ON 的小编号进行复位。当指令输入为 ON 后,将信号报警器 S900～S999 中运行的状态继电器复位。如有多个状态继电器动作时,复位编号最新的一个状态。

当再次使指令输入为 ON 后,在动作的信号报警器用状态继电器(S900～S999)中,下一个新的编号被复位。如图 4-76 所示。

指令输入 ┤├ FNC 47 ANRP

图 4-76  信号报警器复位指令

使用 ANR 指令时,每个扫描周期都依次被复位;使用 ANRP 指令时,仅执行一个扫描周期(1 次)。

### 7. BIN 开方运算指令 SQR/SQRP

该指令为求平方根(开根号)的指令。计算出 $\boxed{S\cdot}$ 的数据的平方根后,保存到 $\boxed{D\cdot}$ 中。如图 4-77 所示。

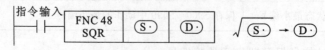

指令输入 ┤├ FNC 48 SQR │ $\boxed{S\cdot}$ │ $\boxed{D\cdot}$       $\sqrt{\boxed{S\cdot}} \rightarrow \boxed{D\cdot}$

图 4-77  BIN 开方运算指令

对于运算结果，舍去小数点取整数。舍去后生成时，M8021(借位标志位)置 ON；当结果为 0 时，M8020(零位标志位)置 ON。

程序举例：

D0 的值为 100，通过计算把 D0 的平方根保存到 D12 中，如图 4-78 所示。

S·
D·
X000
FNC 48
SQR
D 10
D 12
√D 10 → D 12
= √100 → 10

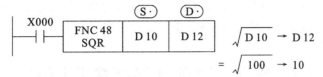

图 4-78　开方运算指令应用实例

## 任务实施

程序设计如图 4-79 所示。

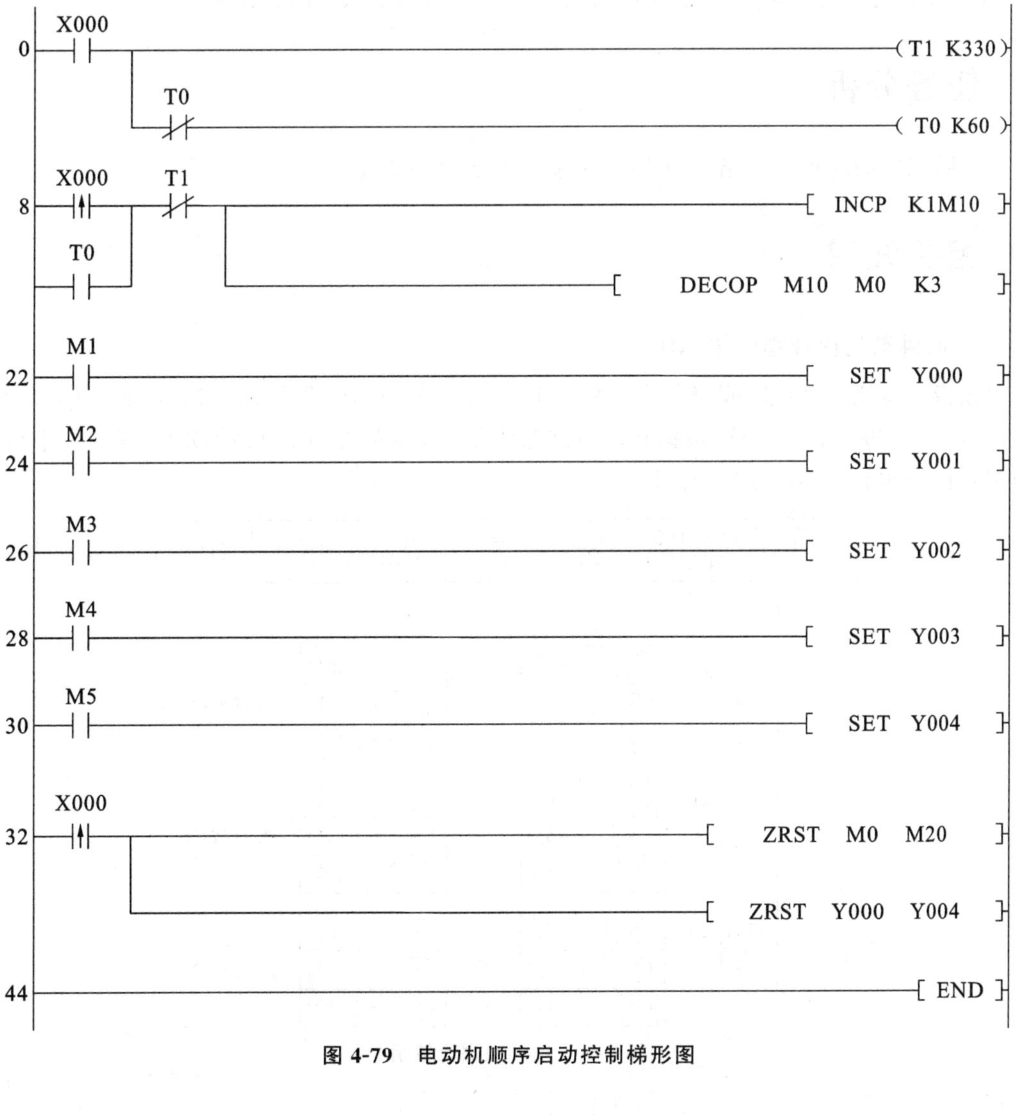

X000
0
T1 K330
T0
T0 K60
X000
T1
8
INCP K1M10
T0
DECOP M10 M0 K3
M1
22
SET Y000
M2
24
SET Y001
M3
26
SET Y002
M4
28
SET Y003
M5
30
SET Y004
X000
32
ZRST M0 M20
ZRST Y000 Y004
44
END

图 4-79　电动机顺序启动控制梯形图

## 思考与练习

1. 区间复位指令对前后两个操作数有何要求?

2. 试用 DECO 指令实现某喷水池花式喷水控制:①第一组喷水 4 s→②第二组喷水 2 s →③两组一同喷水 4 s→④均停止 1 s→⑤重复上述过程。

# ◀ 任务五  时钟计算指令及应用 ▶

## 任务提出

将 PLC 的实时时钟设定为 2017 年 4 月 6 日(星期四)22 时 22 分 12 秒。

## 任务分析

采用相应的时钟计算指令对 PLC 的实时时钟进行设定。

## 相关知识

### 1. 时钟数据比较指令 TCMP

该指令将比较基准时间(时、分、秒)($S_1$),($S_2$),($S_3$)与时间数据(时、分、秒)($S\cdot$),($S\cdot$+1,($S\cdot$)+2)进行大小比较,根据其比较结果将($D\cdot$)开始的 3 点置 ON/OFF。在($S\cdot$)中可以指定直接的实数。如图 4-80 所示。

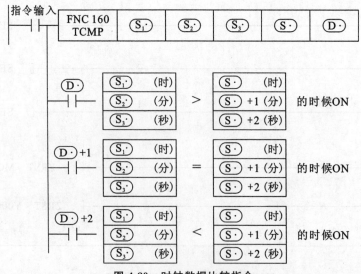

图 4-80  时钟数据比较指令

指令触点从 ON 变为 OFF, TCMP 指令不会被执行。即便如此, $\text{(D·)}$、$\text{(D·)}+1$、$\text{(D·)}+2$ 也会保持指令触点为 OFF 之前的状态。

**2. 时钟数据区间比较指令 TZCP**

该指令将上下 2 点的比较基准时间(时、分、秒)和以 $\text{(S·)}$ 开头的 3 点时间数据(时、分、秒)进行大小比较,根据比较的结果将从 $\text{(D·)}$ 开始的 3 点置 ON/OFF。如图 4-81 所示。

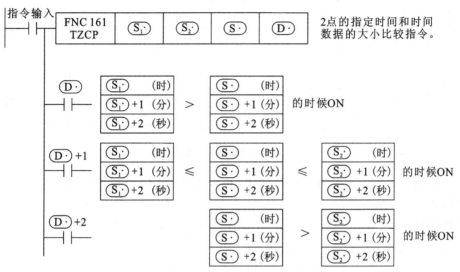

图 4-81 时钟数据区间比较指令

指令触点从 ON 变为 OFF, TZCP 指令不被执行。即使如此, $\text{(D·)}$, $\text{(D·)}+1$, $\text{(D·)}+2$ 也会保持指令触点为 OFF 之前的状态。

"时"的范围为:0~23。"分"的范围为:0~59。"秒"的范围为:0~59。

**3. 时钟数据加法运算指令 TADD**

该指令将($\text{(S}_1\text{·)}$,$\text{(S}_1\text{·)}+1$,$\text{(S}_1\text{·)}+2$)的时间数据(时、分、秒)与($\text{(S}_2\text{·)}$,$\text{(S}_2\text{·)}+1$,$\text{(S}_2\text{·)}+2$)的时间数据(时、分、秒)进行加法运算,其结果保存到($\text{(D·)}$,$\text{(D·)}+1$,$\text{(D·)}+2$)(时、分、秒)中。如图 4-82 所示。

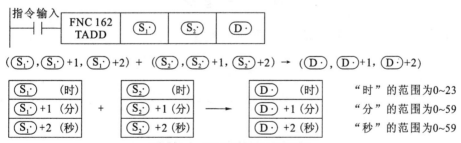

图 4-82 时钟数据加法运算指令

当运算结果超出 24 小时时,进位标志位变为 ON,从单纯的加法运算中减去 24 小时后将该时间作为运算结果保存。

运算结果为 0(0 时 0 分 0 秒)时,零位标志位变为 ON。

**4. 时钟数据减法运算指令 TSUB**

该指令从($S_1$,$S_1$+1,$S_1$+2)的时间数据(时、分、秒)中减去($S_2$,$S_2$+1,$S_2$+2)的时间数据(时、分、秒),其结果保存到($D$,$D$+1,$D$+2)(时、分、秒)中。如图 4-83 所示。

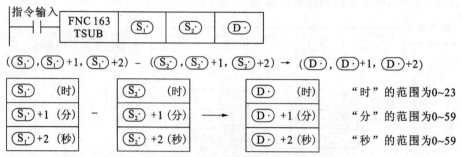

图 4-83　时钟数据减法运算指令

当运算结果小于 0 时,借位标志位变为 ON,从单纯的减法运算值中加上 24 个小时后,将该时间作为运算结果保存。

运算结果为 0(0 时 0 分 0 秒)时,零位标志位变为 ON。

**5. 时、分、秒数据的秒转换指令 HTOS**

该指令将($S$,$S$+1,$S$+2)的时间(时刻)数据(时、分、秒)转换成秒后,将结果保存到$D$中。如图 4-84 所示。

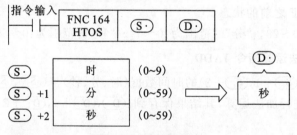

图 4-84　秒转换指令

例如,指定了 4 时 29 分 31 秒时,如图 4-85 所示。

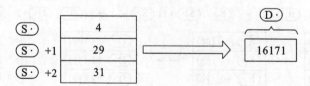

图 4-85　秒转换指令应用实例

**6. 读出时钟数据指令 TRD**

该指令将 PLC 的时钟数据(D8013～D8019)按照图 4-86 所示的格式读出到$D$～$D$+6 中。

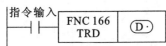

将可编程控制器的实时时钟数据读出到7点数据寄存器中的指令。

| 软元件 | 项目 | 时钟数据 | | 软元件 | 项目 |
|---|---|---|---|---|---|
| D8018 | 年(公历) | 0~99(公历后2位数) | → | D0 | 年(公历) |
| D8017 | 月 | 1~12 | → | D1 | 月 |
| D8016 | 日 | 1~31 | → | D2 | 日 |
| D8015 | 时 | 0~23 | → | D3 | 时 |
| D8014 | 分 | 0~59 | → | D4 | 分 |
| D8013 | 秒 | 0~59 | → | D5 | 秒 |
| D8019 | 星期 | 0(星期日)~6(星期六) | → | D6 | 星期 |

图 4-86　读出时钟数据指令

（左侧列纵向标注：特殊数据寄存器）

#### 7. 写入时钟数据指令 TWR

该指令将设定的时钟数据$(S\cdot)$~$(S\cdot)+6$写入 PLC 时钟数据用的特殊数据寄存器（D8013~D8019）中。如图 4-87 所示。

| 软元件 | 项目 | 时钟数据 | | 软元件 | 项目 |
|---|---|---|---|---|---|
| D10 | 年(公历) | 0~99(公历后2位数) | → | D8018 | 年(公历) |
| D11 | 月 | 1~12 | → | D8017 | 月 |
| D12 | 日 | 1~31 | → | D8016 | 日 |
| D13 | 时 | 0~23 | → | D8015 | 时 |
| D14 | 分 | 0~59 | → | D8014 | 分 |
| D15 | 秒 | 0~59 | → | D8013 | 秒 |
| D16 | 星期 | 0(星期日)~6(星期六) | → | D8019 | 星期 |

图 4-87　写入时钟数据指令

（左侧列纵向标注：设定时间用的数据；右侧列纵向标注：特殊数据寄存器）

执行 TWR 指令后，实时时钟的时钟数据即刻被更改。因此，先将快几分钟的时钟数据传送到$(S\cdot)$~$(S\cdot)+6$ 中，等到变成正确的时间时才执行指令。

## 任务实施

（1）I/O 地址分配（见表 4-18）。

表 4-18　I/O 分配表

| 输　入 | | | 输　出 | | |
|---|---|---|---|---|---|
| 输入元件 | 输入点 | 作用 | 输出点 | 输出元件 | 作用 |
| 按钮 0 | X0 | 时钟设定 | | | |
| 按钮 1 | X1 | 时钟修正 | | | |

（2）程序设计（见图 4-88）。

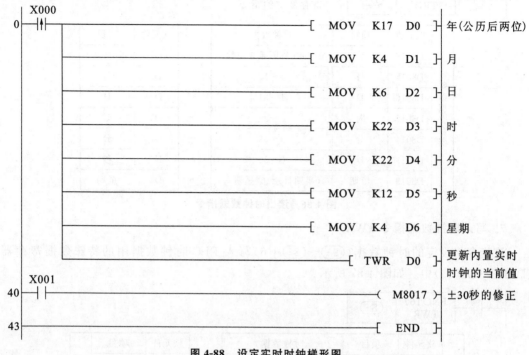

图 4-88　设定实时时钟梯形图

设定时间的时候，设定快几分钟的时间，等到正确时间时使 X000 置 ON，在实时时钟中写入已设定的时间，时钟数据被更新。

X001 每次为 ON 时，可以执行 ±30 秒的修正。

## 思考与练习

1. 查阅资料，了解如何实现公历 4 位模式。

2. 编写程序，读取实时时钟数据并与时间数据 3 时 12 分 46 秒相加后，将结果存入 D30 开始的存储单元中。

3. 采用时钟指令编写程序实现一定时控制器，功能如下：

（1）6:30 电铃（Y0）每秒响 1 次，5 次后自动停止；

（2）8:30—17:30 启动住宅报警系统（Y1）；

（3）18:00—22:30 打开住宅内灯光照明（Y2）。

# 课题五
# PLC 通信及其应用

知识目标

通过学习,你需要

1. 了解通信系统的组成及通信方式;

2. 了解各种接口模块,掌握 RS-485 通信及 485BD 通信接口板;

3. 掌握 PLC 的并行通信与 $N:N$ 通信;

4. 掌握三菱变频器的专用通信指令及三菱变频器通信参数含义。

技能目标

通过操作,你能够

1. 组建 $1:1$ 网络,完成系统接线,编写网络通信程序并正确调试;

2. 组建 $N:N$ 网络,完成系统接线,编写网络通信程序并正确调试;

3. 完成 PLC 与变频器通信连接,编写通信程序,设置 PLC 参数与变频器通信参数,实现 PLC 与变频器通信控制。

# ◀ 任务一　熟悉 PLC 通信的基本知识 ▶

数据通信就是将数据信息通过适当的传送线路从一台机器传送到另一台机器,这里的机器可以是计算机、PLC 或是有数据通信功能的其他数字设备。数据通信系统的任务是把地理位置不同的计算机和 PLC 及其他数字设备连接起来,高效率地完成数据的传送、信息交换和通信处理。PLC 通信就是指 PLC 与计算机(PC)、PLC 与 PLC、PLC 与现场设备(如变频器、触摸屏等)或远程 I/O 之间的信息交换。

## ■ 相关知识

### 一、通信系统的组成

通信系统主要由传送设备(含发送器和接收器)、传送控制设备(通信软件、通信协议)和通信介质(总线)等部分组成,如图 5-1 所示。

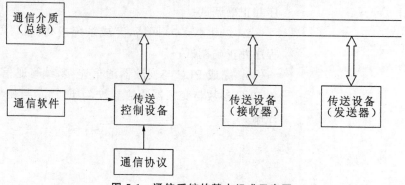

图 5-1　通信系统的基本组成示意图

传送设备至少有两个,其中有的是发送设备,有的是接收设备,有的既是发送设备又是接收设备。对于多台设备之间的数据传送,有时还有主、从之分。主设备起控制、发送和处理信息的主导作用,从设备被动地接收、监视和执行主设备的信息。主从关系在实际通信时由数据传送的结构来确定。在 PLC 通信系统中,传送设备可以是 PLC、PC 以及各种外围设备。

传送控制设备主要用于控制发送与接收之间的同步协调,以保证信息发送与接收的一致性,这种一致性靠通信协议和通信软件来保证。通信协议是指通信过程中必须严格遵守的数据传送规则,是通信得以顺利进行的法规。通信软件是一种用于通信交流的互动式软件,用于通信的软、硬件进行统一调试、控制和管理。

通信介质是信息传输的物质基础和重要渠道,是 PLC 与计算机及外围设备之间相互联系的桥梁。

# 二、通信方式

无论是计算机还是 PLC,它们都是数字设备,它们之间交换的信息是由"0"和"1"表示的数字信号。通常把具有一定的编码、格式和位长要求的数字信号称为数据信息。

数据通信时,按照同时传送数据的位数,可以分为并行通信和串行通信;按照数据传输时的时钟控制方式,串行通信又可分为同步通信和异步通信两种方式;按数据传送的方向,串行通信可以分为单工方式、半双工方式和全双工方式三种。

**1. 并行通信和串行通信**

1) 并行通信

并行通信方式是以字或字节为单位的数据传输方式,传送数据的每一位同时发送或接收,如图 5-2 所示。图 5-2 表示 8 位二进制数同时从 A 发送设备传送到 B 接收设备。在并行通信中,并行传送的数据有多少位,传输线就有多少根。

并行数据通信的特点是:传输速度快,但需要的传输线数目多,成本较高,通常用于传输速率高的近距离数据传输,如打印机与计算机之间的数据传送。工业控制中,一般使用串行数据通信。

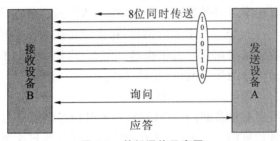

图 5-2 并行通信示意图

2) 串行通信

串行通信方式是以二进制的位(bit)为单位的数据传输方式,传送的数据一位一位地按顺序传送,如图 5-3 所示。传送数据时,只需要 1～2 根传输线分时传送即可,与数据位数无关。串行通信每次只传送一位,除了公共线外,在一个数据传输方向上只需要一根数据线,这根线既可以作为数据线,又可以作为通信联络用的控制线。

图 5-3 串行通信示意图

串行通信的特点是:数据传输速度慢,但通信时需要的信号线少(最少只需要两根线),在远距离传输时通信线路简单、成本低,常用于远距离传输而速度要求不高的场合。串行通信在工业控制中应用广泛,计算机和 PLC 都有通用的串行通信接口(如 RS-232C)。

**2. 串行通信的单工、半双工和全双工的定义**

根据数据的传送方向,串行通信可以进一步分为单工、半双工和全双工三种。如图 5-4

所示,如果在通信过程的任意时刻,信息只能由一方 A 传到另一方 B,则称为单工;如果在任意时刻,信息既可由 A 传到 B,又能有 B 传到 A,但只能有一个方向上的传输存在,称为半双工传输;如果在任意时刻,线路上存在 A 到 B 和 B 到 A 的双向信号传输,则称为全双工。

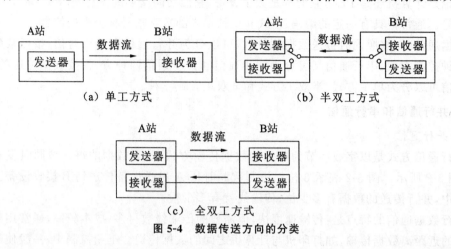

（a）单工方式　　　　　　　　　　（b）半双工方式

（c）全双工方式

图 5-4　数据传送方向的分类

### 3. 同步通信和异步通信

在串行通信中,通信速率与时钟脉冲有关,接收方和发送方传送速率相同,但实际发送速率与接收速率总是有一些误差,如不采取措施,在连续传送大量的信息时,将会因积累误差造成错位,使接收方收到错误信息。为解决这一问题,应使发送过程和接收过程同步,按同步方式不同,将串行通信分为异步通信和同步通信。

1）同步通信

在串行同步通信中,所有设备共用一个时钟,这个时钟可以由参与通信的设备中的一台产生,也可以由外部时钟信号源统一提供,所有传输的数据位都与这个时钟信号同步。为了表示数据传输的开始,发送方先发送一个或两个特殊字符,该字符称为同步字符。当发送方和接收方达到同步后,就可以一个字符接一个字符地发送数据块,字符之间不允许有空隙,每个字节前后也不再需要用起始位、校验位和停止位等标志。发送端发送时,首先对欲发送的原始数据进行编码,形成编码后再向外发送,接收端经过解码,便可得到原始数据和时钟信号。可见发送端发出的编码自带时钟信息,实现了收、发双方的自同步功能。串行同步通信的数据格式如图 5-5 所示。

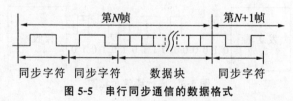

图 5-5　串行同步通信的数据格式

同步通信方式不需要在每个字符中加起始位、停止位和奇偶校验位,只需要在数据块（往往很长）之前加一两个同步字符,所以传输效率很高,但是对硬件的要求也较高,一般用于高速通信。

2）异步通信

异步通信是一种很常用的通信方式,以字符为单位发送数据。串行异步通信有严格的数据格式和时序关系,以字符为单位发送数据,发送端可以在任意时刻开始发送字符,因此必须在每一个字符的开始和结束的地方加上标志,即加上开始位和停止位,以便使接收端能够正确地将每一个字符接收下来。异步通信在发送字符时,所发送的字符之间的时间间隔可以是任意的。

在空闲状态时,电路呈现出高电平(1)状态,因此异步通信也称为起止式通信。图 5-6 所示是串行异步通信的数据格式,通信时,首先发送起始位,接收端接收到起始位后开始接收,其后的数据传输都以起始位作为同步时序的基准信号。起始位以"0"表示,然后就是数据位(数据位可以为 7 位或 8 位),接着就是奇偶校验位(可有可无),最后是停止位(以"1"表示,位数可以是 1 位或 2 位),停止位后可以加空闲位(以"1"表示,位数不限,其作用是等待下一个字符的传输)。有了空闲位,发送和接收可以连续或间断进行而不受时间限制。以这种特定的方式,发送设备一组一组地发送数据,接收设备将一组一组地接收,在开始位和停止位的控制下,保证数据传送不会出错。异步通信的优点是通信设备简单、便宜,但传输效率较低(因为开始位和停止位的开销所占比例较大),主要用于中、低速数据通信。

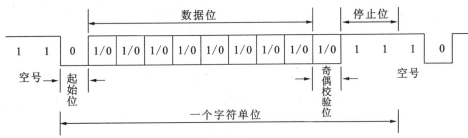

图 5-6　串行异步通信数据格式

# 三、通信介质

通信介质就是在通信系统中位于发送端与接收端之间的物理通路。通信介质一般可分为导向性和非导向性介质两种。导向性介质有双绞线、同轴电缆和光纤等,这种介质将引导信号的传播方向;非导向性介质一般通过空气传播信号,它不为信号引导传播方向,如短波、微波和红外线通信等。

屏蔽双绞线是一种廉价而又广为使用的通信介质,它由两根彼此绝缘的导线按照一定规则以螺旋状绞合在一起,这种结构能在一定程度上减弱来自外部的电磁干扰及相邻双绞线引起的串音干扰。但在传输距离、带宽和数据传输速率等方面双绞线仍有其一定的局限性。

同轴电缆由内、外层两层导体组成,如图 5-7 所示。内层导体是由一层绝缘体包裹的单股实心线或绞合线(通常是铜制的),位于外层导体的中轴上;外层导体是由绝缘层包裹的金

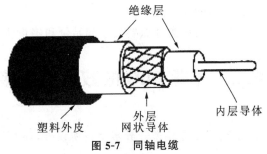

图 5-7　同轴电缆

属包皮或金属网。同轴电缆的最外层是能够起保护作用的塑料外皮。同轴电缆的外层导体不仅能够充当导体的一部分，而且还起到屏蔽作用。这种屏蔽一方面能防止外部环境造成的干扰，另一方面能阻止内层导体的辐射能量干扰其他导线。

与双绞线相比，同轴电缆抗干扰能力强，能够应用于频率更高、数据传输速率更快的情况。虽然目前同轴电缆大量被光纤取代，但它仍广泛应用于有线电视和某些局域网中。

光缆是利用置于包覆护套中的一根或多根光纤作为传输媒质并可以单独或成组使用的通信线缆组件。光缆主要是由光导纤维（细如头发的玻璃丝）和塑料保护套管及塑料外皮构成，光缆内没有金、银、铜、铝等金属，一般无回收价值。光缆是一定数量的光纤按照一定方式组成缆心，外包有护套，有的还包覆外护层，用以实现光信号传输的一种通信线路。

PLC 对通信介质的基本要求是通信介质必须具有传输速率高、能量损耗小、抗干扰能力强、性价比高等特性。目前 PLC 网络普遍使用的通信介质有屏蔽双绞线、同轴电缆和光缆等，它们的性能比较如表 5-1 所示。

表 5-1 常用通信介质性能比较

| 性　能 | 通信介质 | | |
| --- | --- | --- | --- |
| | 屏蔽双绞线 | 同轴电缆 | 光缆 |
| 通信速率 | 9.6 kbit/s～2 Mbit/s | 1～450 Mbit/s | 10～500 Mbit/s |
| 连接方法 | 点对点连接，可多点连接，1.5 km 内不用中继站 | 点对点连接，可多点连接，宽带时 10 km 内不用中继站，基带时 3 km 内不用中继站 | 点对点连接，50 km 内不用中继站 |
| 传输信号 | 数字信号、模拟信号、调制信号 | 数字信号、调制信号、声音图像信号 | |
| 支持网络 | 星形网、环形网、小型交换机 | | |
| 抗干扰能力 | 一般 | 好 | 极好 |
| 抗恶劣环境能力 | 好 | 好，但必须将电缆与腐蚀物隔离 | 极好，耐高温和其他恶劣环境 |

## 思考与练习

1. 通信系统由几部分组成？
2. 全双工通信方式是怎样进行通信的？半双工通信与全双工通信有什么区别？
3. 比较并行通信和串行通信的优缺点。
4. 什么是异步通信？异步通信中为什么要设置起始位和停止位？

## ◀ 任务二　了解 PLC 的数据通信接口 ▶

在异步串行通信中，除了通信双方要遵守异步串行协议外，还必须要求通信的双方采用相同的接口标准,才能进行正常的通信。也就是说,串行接口的信号线定义、电气规格等要相同,这些设备才能互相连接,即需要统一的串行通信接口。PLC 通信主要采用串行异步通信,其常用的串行通信接口标准有 RS-232C、RS-422A 和 RS-485 等。

# 相关知识

## 一、RS-232C 通信及接口

### 1. 接口标准

RS-232C 是美国电子工业协会 EIA 制定的一种串行物理接口标准。RS 是英文"推荐标准"的缩写,232 为标识号,C 表示接口标准的修改次数。它既是一种协议标准,又是一种电气标准,规定通信设备之间信息交换的方式与功能。它采用按位串行通信的方式传送数据,波特率规定 19 200 bit/s、9600 bit/s、4800 bit/s 等几种。RS-232C 接口标准是目前计算机和 PLC 中最常用的一种串行通信接口,在 PC 上的 COM1、COM2 接口就是 RS-232C 接口。

电气性能上,RS-232C 采用负逻辑,用 $-15 \sim -5$ V 表示逻辑"1",用 $+5 \sim +15$ V 表示逻辑"0"。噪声容限为 2 V,即串行接口能识别低至 $+3$ V 的信号作为逻辑"0",高到 $-3$ V 的信号作为逻辑"1",显然具有较强的抗干扰能力。机械性能上,RS-232C 可使用 9 针或 25 针的 D 型连接器,最简单的通信只需 3 针。表 5-2 列出了 RS-232C 接口各引脚信号的定义以及 9 针与 25 针引脚的对应关系,计算机与 PLC 之间和 PLC 与 PLC 之间一般使用 9 针的连接器,如图 5-8 所示,一般在全双工方式中,RS-232C 标准接线只需要 3 条线即可,2 根数据信号线 TXD、RXD,1 根信号地线 GND(有时称为 SG),双方连接的方式是 RXD、TXD 要交叉连接,信号地线直接连接,各自的 RTS、CTS 及 DSR、DTR 短接,而 DCD 及 CI 置空。

表 5-2　RS-232C 接口引脚信号的定义

| 引脚号(9 针) | 引脚号(25 针) | 信　　号 | 方　　向 | 功　　能 |
|:---:|:---:|:---:|:---:|:---|
| 1 | 8 | DCD | IN | 数据载波检测 |
| 2 | 3 | RXD | IN | 接收数据 |
| 3 | 2 | TXD | OUT | 发送数据 |
| 4 | 20 | DTR | OUT | 数据终端装置(DTE)准备就绪 |
| 5 | 7 | GND | | 信号公共参考地 |
| 6 | 6 | DSR | IN | 数据通信装置(DCE)准备就绪 |
| 7 | 4 | RTS | OUT | 请求传送 |
| 8 | 5 | CTS | IN | 清除传送 |
| 9 | 22 | CI(RI) | IN | 振铃指示 |

| 计算机 9P | | | PLC 9P | | | PLC 9P | | | PLC 9P | |
|---|---|---|---|---|---|---|---|---|---|---|
| 信号 | 脚号 | | 脚号 | 信号 | | 信号 | 脚号 | | 脚号 | 信号 |
| DCD | 1 | | 1 | FG | | FG | 1 | | 1 | FG |
| RXD | 2 | | 2 | SD | | SD | 2 | | 2 | SD |
| TXD | 3 | | 3 | RD | | RD | 3 | | 3 | RD |
| DTR | 4 | | 4 | RS | | RS | 4 | | 4 | RS |
| GND | 5 | | 5 | CS | | CS | 5 | | 5 | CS |
| DSR | 6 | | 6 | +5V | | +5V | 6 | | 6 | +5V |
| RTS | 7 | | 7 | DR | | DR | 7 | | 7 | DR |
| CTS | 8 | | 8 | ER | | ER | 8 | | 8 | ER |
| CI | 9 | | 9 | SG | | SG | 9 | | 9 | SG |

(a)计算机与PLC的连接　　　　　　　　　(b)PLC与PLC的连接

**图 5-8　RS-232C 连接方法**

RS-232C 的电气接口为非平衡型,每个信号用一根导线,所有信号回路共用一根地线,由于是单线,线间干扰较大,其传送距离最大约为 15 米,最高速率为 20 kb/s,在通信距离较近、通信速率要求不高的场合可以直接采用该接口实现联网通信,既简单又方便。由于 RS-232C 接口采用单端发送、单端接收,发送电平与接收电平的差仅为 2 V 至 3 V,所以其共模抑制能力差,再加上双绞线上的分布电容,所以 RS-232C 适合本地设备之间的通信。

**2. FX$_{2N}$-232-BD**

FX$_{2N}$-232-BD(简称 232BD)为 RS-232C 的通信功能扩展板,图 5-9 为 232BD 实物图。FX$_{2N}$系列 PLC 基本单元内可安装一块 232BD 板,通过它可与外部各种设备的 RS-232C 接口连接进行通信。232BD 的传输距离为 15 m,通信方式为全双工方式,最大传输速率为 19 200 bit/s。除了与各种 RS-232C 设备通信外,个人计算机(安装有专用编程软件)可通过 232BD 向 FX$_{2N}$系列 PLC 传送程序,或通过它监视 PLC 的运行状态。其主要功能有:在 RS-232C 设备之间如个人计算机和打印机进行数据传输;在 RS-232C 设备之间使用专用协议进行数据传输;连接编程工具等。

**图 5-9　232BD 实物图**

1) 硬件接线

232BD 通信板可与 9 针 D-SUB 型连接器连接,232BD 通信板引脚功能及引脚分布如图 5-10 所示。

| 针脚号 | 信号 | 意义 | 功能 |
|---|---|---|---|
| 1 | CD(DCD) | 载波检测 | 当检测到数据接收载波时,为 ON |
| 2 | RD(RXD) | 接收数据 | 接收数据(RS-232C 设备到 232BD) |
| 3 | SD(TXD) | 发送数据 | 发送数据(232BD 到 RS-232C 设备) |
| 4 | ER(DTR) | 发送请求 | 数据发送到 RS-232C 设备的信号请求准备 |
| 5 | SG(GND) | 信号地 | 信号地 |
| 6 | DR(DSR) | 发送使能 | 表示 RS-232C 设备准备好接收 |
| 7、8、9 | NC | 不接 | |

**图 5-10　232BD 通信板引脚功能及引脚分布**

使用 RS-232C 电缆连接 232BD 和 RS-232C 设备时,确保电缆的屏蔽线接地(<100 Ω)。232BD 的连接器为 9 针 D−SUB 型的。根据使用设备不同,RS-232C 设备的连接也不同,使用时务必先检查设备的特性,再进行连接。

2)需要用到的内部资源

FX$_{2N}$ 系列 PLC 进行串行通信时,需要的相关辅助继电器如表 5-3 所示,数据寄存器如表 5-4 所示。

表 5-3　相关辅助继电器

| 特殊辅助继电器 | 名　称 |
|---|---|
| M8063 | 串行通信出错标志位 |
| M8121 | 等待发送标志位 |
| M8122 | 发送请求 |
| M8123 | 接收结束标志位 |
| M8124 | 载波检浊标志位 |
| M8129[*1] | 超时评估标志 |
| M8161 | 数据处理位数标志 |

表 5-4　相关数据寄存器

| 特殊数据寄存器 | 名　称 |
|---|---|
| D8063 | 串行通信出错代码 |
| D8120 | 通信格式字设定 |
| D8122 | 发送数据的剩余点数 |
| D8123 | 接收点数的监控 |
| D8124 | 数据头 |
| D8125 | 数据结束 |

其中,利用 RS 串行通信传送指令时,涉及下面几个数据存储器和标志辅助继电器,分别是:

(1) D8120,通信格式字存储器,为了用 232BD 在 RS-232C 之间发送和接收数据,在 232BD 和 RS-232C 单元之间,其通信格式,包括传送速度(波特率)和奇偶性必须一致,通信格式可通过 FX$_{2N}$ 可编程控制器的特殊数据寄存器 D8120 来设定。通信前必须先将通信格式字写入该存储器,否则不能通信。通信格式写入后,应将 PLC 断电后再上电,这样通信设置才有效,而在 RS 指令驱动时,不能改变 D8120 的设定。D8120 的位信息如表 5-5 所示。

表 5-5　D8120 的位信息

| 位　编　号 | 名　称 | 内　容 | |
|---|---|---|---|
| | | 0(位 OFF) | 1(位 ON) |
| b0 | 数据长度 | 7 位 | 8 位 |
| b1b2 | 奇偶校验 | b2,b1<br>(0,0):无<br>(0,1):奇校验(ODD)<br>(1,1):偶校验(EVEN) | |
| b3 | 停止位 | 1 位 | 2 位 |
| b4b5b6b7 | 波特率(b/s) | b7,b6,b5,b4<br>(0,0,1,1):300<br>(0,1,0,0):600<br>(0,1,0,1):1200<br>(0,1,1,0):2400 | b7,b6,b5,b4<br>(0,1,1,1):4800<br>(1,0,0,0):9600<br>(1,0,0,1):19 200 |
| b8 | 报头 | 无 | 有(D8124)　初始值:STX(02H) |
| b9 | 报尾 | 无 | 有(D8125)　初始值:ETX(03H) |

| 位 编 号 | 名 称 | 内 容 | |
|---|---|---|---|
| | | 0(位 OFF) | 1(位 ON) |
| b10b11 | 控制线 | **无协议**<br>b11,b10<br>(0,0):无＜RS-232C 接口＞<br>(0,1):普通模式＜RS-232C 接口＞<br>(1,0):相互连接模式＜RS-232C 接口＞<br>　　　(FX2N 的 Ver,2.00 以上,FX3U,FX2NC,FX3UC)<br>(1,1):调制解调器模式＜RS-232C 接口,RS-485/RS-422 接口*2＞ | |
| | | **计算机连接**<br>b11,b10<br>(0,0):RS-485/RS-422 接口<br>(1,0):RS-232C 接口 | |
| b12 | | 不可以使用 | |
| b13*1 | 和校验 | 不附加 | 附加 |
| b14*1 | 协议 | 无协议 | 专用协议 |
| b15*1 | 控制顺序 | 协议格式 1 | 协议格式 4 |

(2) M8161,数据处理位数标志继电器,当 M8161＝ON 时,处理低 8 位数据;M8161＝OFF,处理 16 位数据,在处理低 8 位数据时,必须在使用 RS 等指令前,先对 M8161 置 ON。

(3)M8122,数据发送标志继电器,在 RS 指令驱动时,为发送等待状态,仅当 M8122＝ON 时数据开始发送,发送完毕后 M8122 自动复位。

(4)M8123,数据接收标志继电器,数据发送完毕,PLC 接收回传数据,回传数据接收完毕后 M8123 自动转为 ON,但它不能自动复位,M8123 自动转为 ON 期间,应先将回传数据传送至其他存储器地址后,再对 M8123 复位,再次转为回传数据接收等待状态。

串行通信传送指令 RS 的指令格式如图 5-11 所示,当 M0 接通时,告诉 PLC 以 D100 为首址的 $m$ 个数据等待发送,并准备接收最多 $n$ 个数据,存在以 D200 为首址的数据寄存器中。

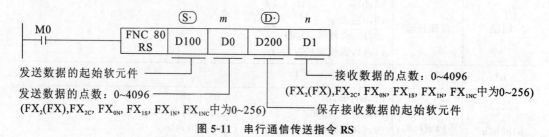

图 5-11　串行通信传送指令 RS

3) 程序实例——连接 232BD 和打印机

打印机通过 232BD 与 PLC 连接,可以打印出由 PLC 发送来的数据。其通信格式如表 5-6 所示,通信程序如图 5-12 所示。

表 5-6　串行打印机的通信格式

| 数据长度 | 8 位 |
|---|---|
| 奇偶性 | 偶 |
| 停止位 | 1 位 |
| 波特率 | 2400B/s |

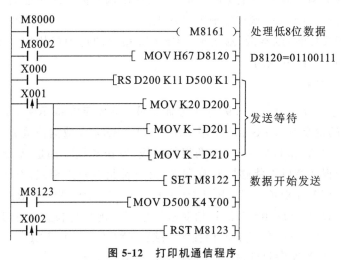

图 5-12　打印机通信程序

# 二、RS-485 通信及接口

## 1. 接口标准

RS-422 由 RS-232 发展而来,它是为弥补 RS-232 之不足而提出的。为改进 RS-232 通信距离短、速率低的缺点,RS-422 定义了一种平衡通信接口,将传输速率提高到 10 Mb/s,传输距离延长到 1219.2 m(速率低于 100 kb/s 时),并允许在一条平衡总线上连接最多 10 个接收器。RS-422 是一种单机发送、多机接收的单向、平衡传输规范。为扩展应用范围,EIA 又于 1983 年在 RS-422 基础上制定了 RS-485 标准,后命名为 TIA/EIA-485-A 标准。由于 EIA 提出的建议标准都是以"RS"作为前缀,所以在通信工业领域,仍然习惯将上述标准以 RS 作前缀称谓。

大部分控制设备和智能化仪器仪表设备都配有 RS-485 标准的通信接口,利用单一的 RS-485 接口,可以很方便地建立一个分布式控制的设备网络系统,因此,RS-485 现已成为首选的串行接口标准。这里不再介绍 RS-422,而是介绍 RS-485 串行通信接口标准。

## 2. RS-485 特点

针对 RS-232C 的不足,RS-485 接口标准具有以下特点:

(1) RS-485 的电气特性:逻辑"1"以两线间的电压差为 +2～+6 V 表示;逻辑"0"以两线间的电压差为 -6～-2 V 表示。接口信号电平比 RS-232C 降低了,就不易损坏接口电路的芯片,且该电平与 TTL 电平兼容,可方便与 TTL 电路连接。

(2) RS-485 接口采用平衡驱动器和差分接收器的组合,抗共模干扰能力增强,即抗噪声干扰性好。

（3）RS-232C 接口在总线上只允许连接 1 个收发器，即单站能力。RS-485 采用半双工通信方式，允许在简单的一对屏蔽双绞线上进行多点、双向通信，增加了多点、双向通信能力，即允许多个发送器连接到同一条总线上，同时增加了发送器的驱动能力和冲突保护特性，扩展了总线共模范围，它采用平衡驱动器和差分接收器的组合，具有很好的抗噪声干扰性能，它的最大传输距离为 1200 m，实际可达 3000 m，传输速率最高可达 10 Mb/s。

（4）RS-485 接口具有良好的抗噪声干扰性，长的传输距离和多站能力等上述优点使其成为首选的串行接口。RS-485 接口组成的半双工网络，一般只需两根连线，所以 RS-485 接口均采用屏蔽双绞线传输，成本低，易实现。RS-485 接口的这种优势特点使它在分布式工业控制系统中得到了广泛的应用。

### 3. RS-485 端口接线

RS-485 接口连接器采用 DB-9 的 9 芯插头座，与智能终端 RS-485 接口采用 DB-9（孔），与键盘连接的键盘接口 RS-485 采用 DB-9（针）。RS-485 数据传输方式一种是半双工模式，只有 DATA＋（A）和 DATA－（B）两根信号线，发送和接收都是 A 和 B，由于 RS-485 的收与发是共用两根线所以不能够同时收和发；另一种是全双工模式，有四线传输信号，中式标识为 TXD（＋）/A、TXD（－）/B、RXD（－）、RXD（＋）。RS-485（或 RS-422）通信建议一定要接地线，因为 RS-485（或 RS-422）通信要求通信双方的地电位差小于 1 V。即：半双工通信接 3 根线（A、B、GND），全双工通信接 5 根线（TXD（＋）/A、TXD（－）/B、RXD（－）、RXD（＋）、GND）。为了安全起见，建议通信机器的外壳接大地。

二线模式、四线模式中各信号名称如表 5-7、表 5-8 所示。

**表 5-7　RS-485 的二线模式信号名称表**

| 序　号 | 名　　称 | 作　　用 |
|:---:|:---:|:---:|
| 1 | Data－/B/485－ | 发送正 |
| 2 | Data＋/A/485＋ | 接收正 |
| 3 | GND(signal ground) | 地线 |

**表 5-8　RS-485 的四线模式信号名称表**

| 序　号 | 名　　称 | 作　　用 |
|:---:|:---:|:---:|
| 1 | TDA－/Y | 发送 A |
| 2 | TDB＋/Z | 发送 B |
| 3 | RDA－/A | 接收 A |
| 4 | RDB＋/B | 接收 B |
| 5 | GND | 地线 |

### 4. $FX_{2N}$-485-BD

$FX_{2N}$-485-BD（简称 485BD）为 RS-485 的通信功能扩展板，符合 RS-485 规格、RS-422 规格，图 5-13 为 $FX_{2N}$-485-BD 实物图。

1）485BD 的应用

一台 FX$_{2N}$ 系列 PLC 内可以安装一块 485BD 功能扩展板，用于下述应用：

（1）使用无协议的数据传送：通过 RS-485（422）转换器，可在各种带有 RS-232C 单元的设备之间进行数据通信（如个人计算机、条形码阅读机和打印机），在这种应用中，数据的发送和接收是通过由 RS 指令指定的数据寄存器来进行的。

（2）使用专用协议的数据传送：可在 1：N 基础上通过 RS-485（422）进行数据传输。

（3）使用并行连接的数据传输：两台 FX$_{2N}$ 系列 PLC，可在 1：1 基础上进行数据传送，可对 100 个辅助继电器和 10 个数据寄存器进行数据传送。

**图 5-13 FX$_{2N}$-485-BD 实物图**

（4）使用 N：N 网络的数据传送：可以将若干台 FX$_{0N}$ 或 FX$_{2N}$ 系列 PLC 通过 FX$_{0N}$-485-ADP 或 FX$_{2N}$-485-BD 并接相连，在 N：N 基础上进行数据传送。

2）设备连接

485BD 设备连线有两种接线方式：一种是使用两对导线连接，如图 5-14 所示；一种是使用一对导线连接，如图 5-15 所示。图中 R 为端子电阻，阻值为 330 欧，在两对导线连接时，端子 SDA 和 SDB 及 RDA 和 RDB 之间需要连接端子电阻；在一对导线连接时，仅端子 RDA 和 RDB 之间需要连接端子电阻。将屏蔽双绞电缆的屏蔽线接地（100 欧姆或更小的电阻接地），当使用并行连接时，两端都接地；当使用无协议或专用协议时，一端接地。

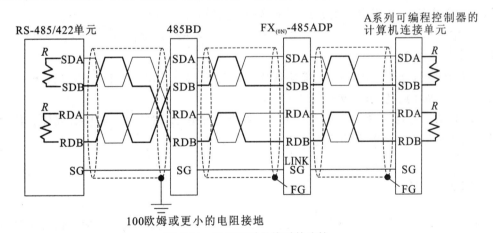

**图 5-14 采用两对导线时的连接**

有些我们常见的设备都是二线制的（＋、－或 A、B 定义），它的接线也很简单，把发送 SDA 和接收 RDA 接起来接到设备的 A（＋），发送 SDB 和接收 RDB 接起来接到设备的 B（－）。

## 思考与练习

1. 简述 RS-232C 和 RS-485 在传输速率、通信距离和可连接站点数等方面的区别。

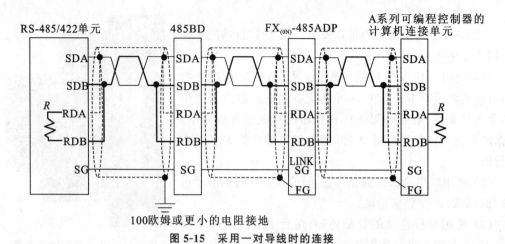

图 5-15　采用一对导线时的连接

100欧姆或更小的电阻接地

2. 如何设置特殊寄存器 D8120？

## ◀ 任务三　PLC 的并行通信 ▶

## ■ 任务提出

设计一个具有两台 PLC 的并行网络通信系统，实现彩灯的轮流显示。该系统设有两个站，其中一个主站，一个从站，通过 1：1 网络的一般模式进行通信。

主站输入信号（启动信号）实现主站 LED 灯按 1、2→2、3→3、4→4、1→1、2 的顺序循环点亮，每个状态停 2 s。

主站的输入信号（启动信号）也能实现从站 LED 灯按 1、2、3→2、3、4→3、4、1→4、1、2→1、2、3 的顺序循环点亮，每个状态停 2 s。

主站和从站各自的输入信号（停止信号）都能实现主、从站的停止功能。当停止信号发出时，主、从站都完成当前周期后停止。

## ■ 任务分析

为了用 PLC 控制器来实现任务，从任务要求可以看出，主站 PLC 的输入信号由外接元器件实现启动与停止功能，分别对应输入控制元件 SB1～SB2；从站 PLC 的启动信号是由主站发出的，不需要分配输入点，停止信号由外接元器件实现，对应输入控制元件 SB3。因此，主站 PLC 需要 2 个输入点、4 个输出点；从站 PLC 需要 1 个输入点、4 个输出点。输入输出点分配如表 5-9 与表 5-10 所示。

表5-9 主站输入输出点分配

| 器 件 | 输入软元件 | 作 用 | 器 件 | 输出软元件 | 作 用 |
|---|---|---|---|---|---|
| SB1 | X1 | 启动 | LED1 | Y0 | 灯1 |
| SB2 | X2 | 停止 | LED2 | Y1 | 灯2 |
| | | | LED3 | Y2 | 灯3 |
| | | | LED4 | Y3 | 灯4 |

表5-10 从站输入输出点分配

| 器 件 | 输入软元件 | 作 用 | 器 件 | 输出软元件 | 作 用 |
|---|---|---|---|---|---|
| SB3 | X3 | 停止 | LED1 | Y0 | 灯1 |
| | | | LED2 | Y1 | 灯2 |
| | | | LED3 | Y2 | 灯3 |
| | | | LED4 | Y3 | 灯4 |

前面所介绍的知识无法解决此类任务,主站的主令信号要能实现从站的控制,从站的主令信号也能实现主站的控制,那么在主、从两台PLC之间需要建立一种联系,这种联系能实现两台PLC之间的信息传送与接收,本次任务采用PLC的并行通信方式实现其功能要求。

## 相关知识

FX系列PLC的并行通信即1∶1通信,它应用特殊辅助继电器和数据寄存器在两台PLC间进行自动的数据传送。根据要链接的点数,可以选择一般模式和高速模式2种模式。在最多两台FX可编程控制器之间自动更新数据链接,总延长距离最大可达500 m。

FX系列PLC的并行通信应用辅助继电器和数据寄存器实现两台PLC之间的自动数据传送。主、从站分别由M8170和M8171特殊辅助继电器来设定。

**1.通信规格**

$FX_{2N(C)}$、$FX_{1N}$和$FX_{3U}$系列PLC的数据传输可在1∶1通信的基础上,通过100个辅助继电和10个数据寄存器来完成;$FX_{1S}$和$FX_{0N}$系列PLC的数据传输可在1∶1通信的基础上,通过50个辅助继电器和10个数据寄存器来完成。其通信规格如表5-11所示。

表5-11 通信规格

| 项 目 | 作 用 | |
|---|---|---|
| 通信标准 | 与RS-485及RS-422一致 | |
| 最大传输距离 | 500 m(使用通信适配器),50 m(使用功能扩展板) | |
| 通信方式 | 半双工通信 | |
| 传输速率 | 19 200 bit/s | |
| 可连接站点数 | 1∶1 | |
| 通信时间 | 一般模式:70 ms | 包括交换数据、主站运行周期和从站运行周期 |
| | 高速模式:20 ms | |

**2. 通信标志**

在使用 1∶1 网络时,FX 系列 PLC 的部分特殊辅助继电器被用作通信标志,代表不同的通信状态,其作用如表 5-12 所示。

表 5-12　通信标志

| 元　件 | 作　用 |
|---|---|
| M8070 | 并行通信时,主站 PLC 必须使 M8070 为 ON |
| M8071 | 并行通信时,从站 PLC 必须使 M8071 为 ON |
| M8072 | 并行通信时,PLC 运行时为 ON |
| M8073 | 并行通信时,当 M8070、M8071 被不正确设置时为 ON |
| M8162 | 并行通信时,刷新范围设置,ON 为高速模式,OFF 为一般模式 |
| D8070 | 并行通信监视时间,默认:500 ms |

**3. 软元件分配**

当两个 FX 系列 PLC 的主要单元分别安装一块通信模块后,用单根屏蔽双绞线连接即可。编程时设定主站和从站,用辅助继电器在两台可编程控制器之间进行自动数据传送,很容易实现数据通信链接。主站和从站由 M8070 和 M8071 设定,其辅助继电器和部分数据寄存器的分配如下。

1)一般模式

在使用 1∶1 网络时,若使特殊辅助继电器 M8162 为 OFF,则选择一般模式进行通信,其通信时间为 70 ms。对于 $FX_{2N(C)}$、$FX_{1N}$ 和 $FX_{3U}$ 系列 PLC,按照 1∶1 通信方式连接好两台 PLC 后,将其中一台 PLC 的特殊辅助继电器 M8070 置为 ON 状态,表示该台 PLC 为主站,将另一台 PLC 中的 M8071 置为 ON 状态,表示该台 PLC 为从站,其特殊辅助继电器和数据寄存器的分配如图 5-16 所示。

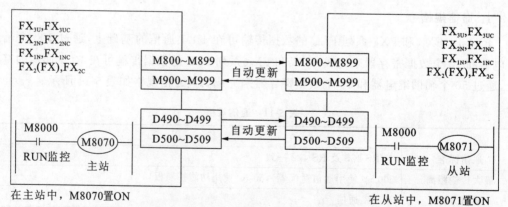

图 5-16　辅助继电器和数据寄存器分配

两台 1∶1 通信的 PLC 投入运行后,主站内的 M800～M899 的状态随时可以被从站读取,即从站通过这些 M 的触点状态就可以知道主站内相应线圈的状态,但是从站不可以再使用同样地址的线圈(M800～M899)。同样,从站内的 M900～M999 的状态也可以被主站读取,即主站通过这些线圈的触点就可以知道从站内相应线圈的状态,但是主站也不能再使用 M900～M999 线圈。另外,主站中数据寄存器 D490～D499 中的数据可以被从站读取,从站中的数据寄存器 D500～D509 中的数据可以被主站读取。

2)高速模式

在使用 1:1 网络时,若使特殊辅助继电器 M8162 为 ON,则选择高速模式进行通信,其通信时间为 20 ms。对于 FX$_{2N(C)}$、FX$_{1N}$ 和 FX$_{3U}$ 系列 PLC,其 4 个数据寄存器被用于传输网络信息,辅助继电器不能用于两台 PLC 之间的自动数据传送,如图 5-17 所示。

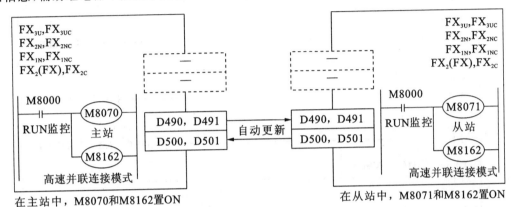

图 5-17 数据寄存器分配

# 任务实施

(1)该系统设有两个站,其中一个主站,一个从站,采用 485BD 板,通过 1:1 网络的一般模式进行通信,其接线图如图 5-18 所示。

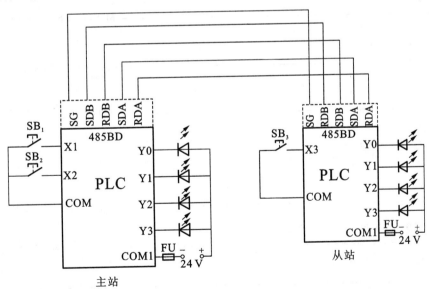

图 5-18 接线图

（2）根据 PLC 的输入输出分配及设计思路，PLC 的控制程序如图 5-19 所示。

```
    M8000
0   ─┤├────────────────────────────────────( M8070 )

    X001    X002
3   ─┤├──┬──┤/├──────────────────────────────( M10 )
    M10  │
   ─┤├───┘

    X001
7   ─┤├────────────────────────────────────( M800 )

    X002
9   ─┤├──────────────────────────────[ RST   M801 ]

    X001
11  ─┤├────────────────────────┬─────[ MOVP  K3   K1Y000 ]
    T3    M10   M900            │
   ─┤├───┤├───┤├────────────────┴─────[ SET   M801 ]

    T3    M10
22  ─┤├──┬─┤/├──────────────────────[ MOVP  K0   K1Y000 ]
         │ M900
         └─┤/├

    Y000   Y001
31  ─┤├───┤├──────────────────────────────( T0   K20 )

    T0
36  ─┤├──────────────────────────────[ MOVP  K6   K1Y000 ]

    Y001   Y002
42  ─┤├───┤├──────────────────────────────( T1   K20 )

    T1
47  ─┤├──────────────────────────────[ MOVP  K12  K1Y000 ]

    Y003   Y002
53  ─┤├───┤├──────────────────────────────( T2   K20 )

    T2
58  ─┤├──────────────────────────────[ MOVP  K9   K1Y000 ]

    Y003   Y000
64  ─┤├───┤├──────────────────────────────( T3   K20 )

69  ──────────────────────────────────────[ END ]
```

（a）主站程序

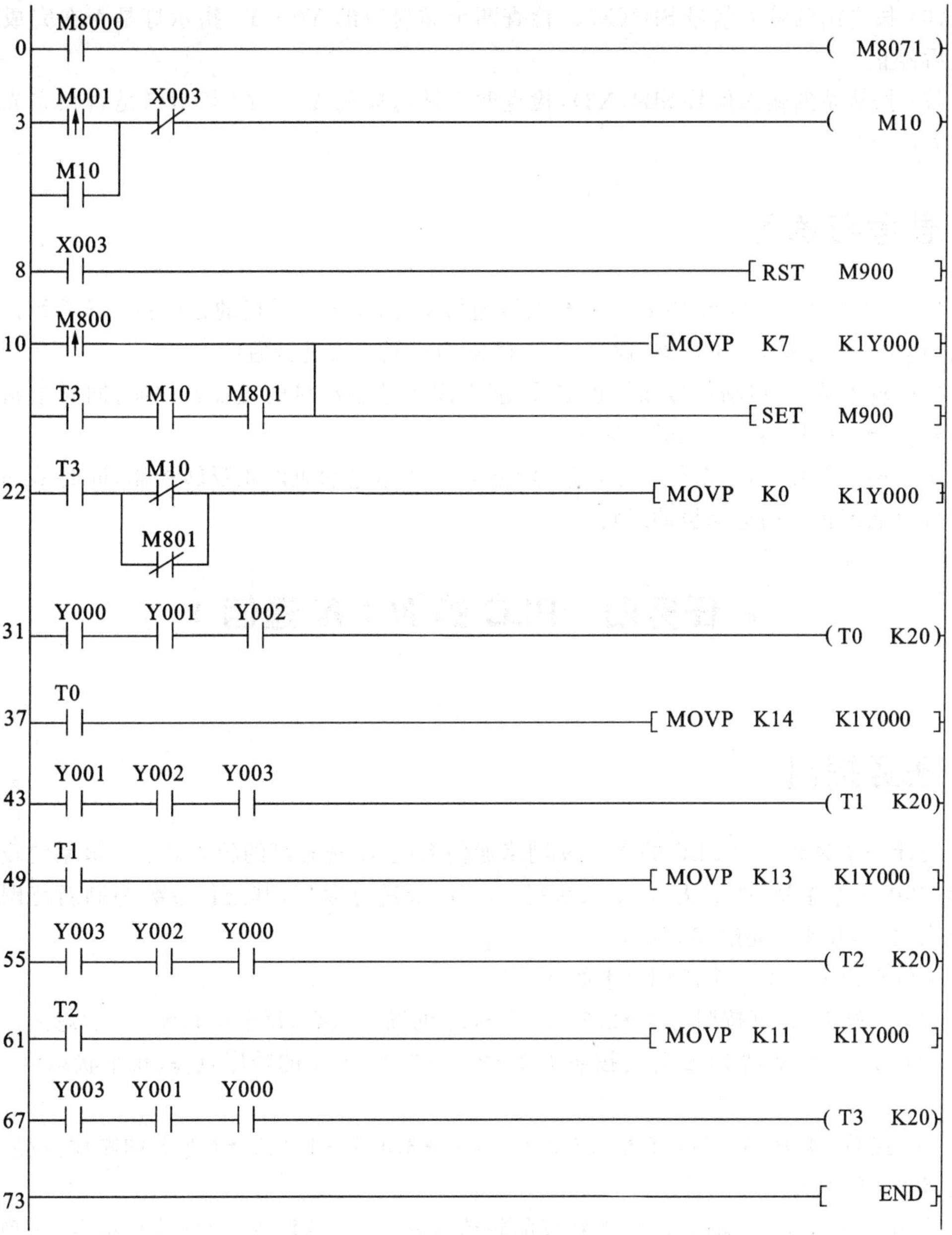

```
       M8000
  0     ┤ ├                                                    ( M8071 )

       M001   X003
  3    ┤↑├──┤/├                                                (  M10  )
       M10
       ┤ ├┘

       X003
  8    ┤ ├                                              [ RST    M900  ]

       M800
 10    ┤↑├────────────────────────────────┐    [ MOVP  K7    K1Y000 ]
       T3    M10   M801                     │
       ┤ ├──┤ ├──┤ ├──────────────────────┘    [ SET    M900  ]

       T3    M10
 22    ┤ ├──┤/├────────────────────────────    [ MOVP  K0    K1Y000 ]
             M801
            ┤/├┘

       Y000   Y001   Y002
 31    ┤ ├──┤/├──┤/├                                        ( T0    K20 )

       T0
 37    ┤ ├                                             [ MOVP  K14   K1Y000 ]

       Y001   Y002   Y003
 43    ┤ ├──┤/├──┤/├                                        ( T1    K20 )

       T1
 49    ┤ ├                                             [ MOVP  K13   K1Y000 ]

       Y003   Y002   Y000
 55    ┤ ├──┤/├──┤/├                                        ( T2    K20 )

       T2
 61    ┤ ├                                             [ MOVP  K11   K1Y000 ]

       Y003   Y001   Y000
 67    ┤ ├──┤/├──┤/├                                        ( T3    K20 )

 73    ────────────────────────────────────────────────── [    END  ]
```

（b）从站程序

**图 5-19　PLC 控制程序**

图 5-19 中，从站的启动信号通过主站内的 M800 传送过来；主站的停止信号在主站内通过 M10 实现主站完成当前周期后停止，通过 M801 传送实现从站完成当前周期后停止；从站的停止信号在从站内通过 M10 实现从站完成当前周期后停止，通过 M900 传送实现主站完成当前周期后停止。

（3）按图 5-18 所示接线图连接好 PLC 输入电路及 485BD 总线。

（4）按图 5-19 输入程序，分别下载至主站、从站 PLC。

（5）按主站的输入信号 SB1(X1)，检查两个站对应的 Y0～Y3 指示灯亮灭情况。

（6）按主站的输入信号 SB2（X2），检查两个站对应的 Y0～Y3 指示灯是否在完成当前周期后停止。

（7）按从站的输入信号 SB3（X3），检查两个站对应的 Y0～Y3 指示灯是否在完成当前周期后停止。

## 思考与练习

1. 设计一个具有两台 PLC 的并行网络通信系统，实现电动机的正反转。该系统设有两个站，其中一个主站，一个从站，通过 1∶1 网络的一般模式进行通信。

主站输入信号（启动信号和停止信号）能实现主站电动机的正反转控制，同时主站的停止信号也能停止从站电动机的运转。

从站输入信号（启动信号和停止信号）能实现从站电动机的正反转控制，同时从站的停止信号也能停止主站电动机的运转。

## ◀ 任务四　PLC 的 $N∶N$ 通信 ▶

## 任务提出

设计一个具有三台 PLC 的 $N∶N$ 网络通信系统，实现彩灯的轮流显示。该系统设有三个站，其中一个主站，两个从站，要求采用 485BD 板进行通信，其通信参数为刷新范围（1）、重试次数（4）和通信超时（50 ms）。

彩灯轮流显示的一个周期要求如下：

（1）主站 LED 灯按照 1、2→2、3→3、4→4、1 的顺序点亮，每个状态停 2 s 后熄灭。

（2）然后 1♯从站 LED 灯也按照 1、2→2、3→3、4→4、1 的顺序点亮，每个状态停 2 s 后熄灭。

（3）接着 2♯从站 LED 灯按 1、2、3→2、3、4→3、4、1→4、1、2→1、2、3 的顺序点亮，每个状态停 2 s 后熄灭。

主站输入信号（启动信号）实现彩灯的轮流显示，主站的输入信号（停止信号）实现停止功能。当停止信号发出时，系统完成当前周期后停止。

## 任务分析

为了用 PLC 控制器来实现任务，从任务要求可以看出，主站 PLC 的输入信号由外接元器件实现启动与停止功能，分别对应输入控制元件 SB1～SB2；1♯从站 PLC 的启动信号是由主站发出的，2♯从站 PLC 的启动信号是由 1♯从站发出的，不需要分配输入点，因此，主站 PLC 需要 2 个输入点、4 个输出点；1♯从站 PLC 需要 4 个输出点；2♯从站 PLC 需要 4 个输出点。输入输出点分配如表 5-13、表 5-14 与表 5-15 所示。

表 5-13　主站输入输出点分配

| 器件 | 输入软元件 | 作用 | 器件 | 输出软元件 | 作用 |
|---|---|---|---|---|---|
| SB1 | X1 | 启动 | LED1 | Y0 | 灯 1 |
| SB2 | X2 | 停止 | LED2 | Y1 | 灯 2 |
|  |  |  | LED3 | Y2 | 灯 3 |
|  |  |  | LED4 | Y3 | 灯 4 |

表 5-14　1♯从站输入输出点分配

| 器　件 | 输出软元件 | 作　用 |
|---|---|---|
| LED1 | Y0 | 灯 1 |
| LED2 | Y1 | 灯 2 |
| LED3 | Y2 | 灯 3 |
| LED4 | Y3 | 灯 4 |

表 5-15　2♯从站输入输出点分配

| 器　件 | 输出软元件 | 作　用 |
|---|---|---|
| LED1 | Y0 | 灯 1 |
| LED2 | Y1 | 灯 2 |
| LED3 | Y2 | 灯 3 |
| LED4 | Y3 | 灯 4 |

此次任务主站与从站、从站与从站之间需要建立联系,这种联系能实现主、从站 PLC 之间的信息传送与接收,当超过两个 FX 系列 PLC 之间需要交换数据时,可以采用 $N:N$ 网络连接。

## ■ 相关知识

$N:N$ 连接通信协议用于最多 8 台 FX 系列 PLC 的辅助继电器和数据寄存器之间的数据的自动交换,其中一台为主站,其余的为从站。图 5-20 所示为 PLC 与 PLC 之间的 $N:N$ 通信示意图,在被连接的站点中,位元件(0 至 64 点)和字元件(4 至 8 点)可以被自动连接,每一个站可以监控其他站的共享数据。

图 5-20　PLC 与 PLC 之间的 $N:N$ 通信

### 1. 通信规格

$N:N$ 通信规格如表 5-16 所示。

表 5-16　$N:N$ 通信规格

| 项　目 | 规　格 | 备　注 |
|---|---|---|
| 通信标准 | RS-485 |  |
| 最大传输距离 | 500 m(使用通信适配器,如 FX$_{0N}$-485-ADP),50 m(使用功能扩展板,如 FX$_{2N}$-485-BD) |  |

续表

| 项　　目 | 规　　格 | 备　　注 |
|---|---|---|
| 方式 | 半双工通信 | |
| 传输速率 | 38 400 bit/s | |
| 可连接站点数 | 最多 8 个站 | |
| 刷新范围 模式 0 | 位元件:0 点。字元件:4 点 | 若使用了 1 个 $FX_{1s}$,则只能用模式 0 |
| 刷新范围 模式 1 | 位元件:32 点。字元件:4 点 | |
| 刷新范围 模式 2 | 位元件:64 点。字元件:8 点 | |

### 2. 通信标志

在使用 $N:N$ 通信时,FX 系列 PLC 的部分辅助继电器被用作通信标志,代表不同的通信状态,其名称及描述如表 5-17 所示。

表 5-17　通信标志辅助继电器名称及描述

| 特　　性 | 辅助继电器 | 名　　称 | 描　　述 | 响 应 类 型 |
|---|---|---|---|---|
| R | M8038 | $N:N$ 网络参数设置 | 用来设置 $N:N$ 网络参数 | M,L |
| R | M8183 | 主站点的通信错误 | 当主站点产生通信错误时 ON | M |
| R | M8184~M8190 | 从站点的通信错误 | 当从站点产生通信错误时 ON | M,L |
| R | M8191 | 数据通信 | 当与其他站点通信时 ON | M,L |

表 5-17 和表 5-18 中,R 为只读;W 为只写;M 是主站点;L 是从站点。从表 5-17 可看出,在 CPU 错误或程序错误或停止状态下,对每一站点处产生的通信错误数目不能计数。

M8184~M8190 是从站点的通信错误标志,PLC 内部辅助继电器与从站号是一一对应的,第 1 从站用 M8184……第 7 从站用 M8190。

在使用 $N:N$ 通信时,FX 系列 PLC 的部分数据寄存器被用于设置通信参数和存储错误代码,其名称及描述如表 5-18 所示。

表 5-18　通信标志数据寄存器名称及描述

| 特　　性 | 数据寄存器 | 名　　称 | 描　　述 | 响 应 类 型 |
|---|---|---|---|---|
| R | D8173 | 站点号 | 存储它自己的站点号 | M,L |
| R | D8174 | 从站点总数 | 存储从站点的总数 | M,L |
| R | D8175 | 刷新范围 | 存储刷新范围 | M,L |
| W | D8176 | 站点号设置 | 设置它自己的站点号 | M,L |
| W | D8177 | 从站点总数设置 | 设置从站点总数 | M |
| W | D8178 | 刷新范围设置 | 设置刷新范围模式号 | M |
| W/R | D8179 | 重试次数设置 | 设置重试次数 | M |
| W/R | D8180 | 通信超时设置 | 设置通信超时 | M |
| R | D8201 | 当前网络扫描时间 | 存储当前网络扫描时间 | M,L |
| R | D8202 | 最大网络扫描时间 | 存储最大网络扫描时间 | M,L |

续表

| 特性 | 数据寄存器 | 名称 | 描述 | 响应类型 |
|---|---|---|---|---|
| R | D8203 | 主站点通信错误数目 | 存储主站点通信错误数目 | L |
| R | D8204～D8210 | 从站点通信错误数目 | 存储从站点通信错误数目 | M,L |
| R | D8211 | 主站点通信错误代码 | 存储主站点通信错误代码 | L |
| R | D8212～D8218 | 从站点通信错误代码 | 存储主站点通信错误代码 | M,L |

表 5-18 中，D8176 用于设置站点号，0 为主站，1～7 为从站；D8177 为设定从站点总数数据寄存器，当 D8177＝7 时，为 7 个从站点，当不设定时，默认值为 7；设置 D8178 的值为 0～2，对应模式 0～2（默认 0）；D8179 用于在主站中设置重试次数 0～10（默认 3）；D8180 设置通信超时的时间，50～2550 ms 对应设置 5～255（默认 5）。

在 CPU 错误或程序错误或停止状态下，对其自身站点处产生的通信错误数目不能计数。D8204～D8210 是从站点的通信错误数目，第 1 从站用 D8204……第 7 从站用 D8210。

**3. 软元件分配**

在使用 N∶N 通信时，FX 系列 PLC 的部分辅助继电器和部分数据寄存器被用于存放本站的信息，其他站可以在 N∶N 网络上读取这些信息，从而实现信息的交换，表 5-19 为其辅助继电器和数据寄存器的分配表。

模式 2 时，主站内的 M1000～M1063 的状态随时可以被从站读取，即从站（1♯～7♯）通过这些 M 的触点状态就可以知道主站内相应线圈的状态，同样，1♯从站内的 M1064～M1127 的状态也可以被主站和其他从站（2♯～7♯）读取，即主站和其他从站（2♯～7♯）通过这些线圈的触点就可以知道 1♯从站内相应线圈的状态。另外，主站中数据寄存器 D0～D7 中的数据可以被从站（1♯～7♯）读取，1♯从站中的数据寄存器 D10～D17 中的数据可以被主站和其他从站（2♯～7♯）读取。

表 5-19  软元件的分配

| 站号 | | 模式 0 | | 模式 1 | | 模式 2 | |
|---|---|---|---|---|---|---|---|
| | | 位软元件(M) | 字软元件(D) | 位软元件(M) | 字软元件(D) | 位软元件(M) | 字软元件(D) |
| | | 0 | 各站 4 点 | 各站 32 点 | 各站 4 点 | 各站 64 点 | 各站 8 点 |
| 主站 | 0 | — | D0～D3 | M1000～M1031 | D0～D3 | M1000～M1063 | D0～D7 |
| 从站 | 1 | — | D10～D13 | M1064～M1095 | D10～D13 | M1064～M1127 | D10～D17 |
| | 2 | — | D20～D23 | M1128～M1159 | D20～D23 | M1128～M1191 | D20～D27 |
| | 3 | — | D30～D33 | M1192～M1223 | D30～D33 | M1192～M1255 | D30～D37 |
| | 4 | — | D40～D43 | M1256～M1287 | D40～D43 | M1256～M1319 | D40～D47 |
| | 5 | — | D50～D53 | M1320～M1351 | D50～D53 | M1320～M1383 | D50～D57 |
| | 6 | — | D60～D63 | M1384～M1415 | D60～D63 | M1384～M1447 | D60～D67 |
| | 7 | — | D70～D73 | M1448～M1479 | D70～D73 | M1448～M1511 | D70～D77 |

### 4. 参数设置程序举例

例如,在进行 $N:N$ 网络通信时,需要在主站设置站点号(0)、从站总数(4)、刷新范围(1)、重试次数(3)和通信超时(60 ms)等参数,为了确保参数设置程序作为 $N:N$ 通信参数,通信参数设置程序必须从第 0 步开始编写,其程序如图 5-21 所示。

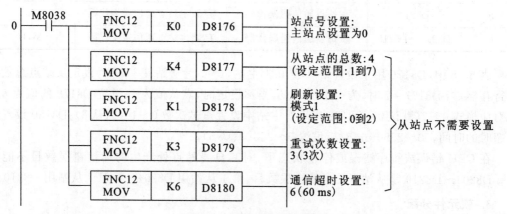

图 5-21  主站参数设置程序

## ■ 任务实施

(1) 该系统设有三个站,其中一个主站,两个从站,采用 485BD 板,通过一对导线连接 $N:N$ 网络进行通信,其接线图如图 5-22 所示。

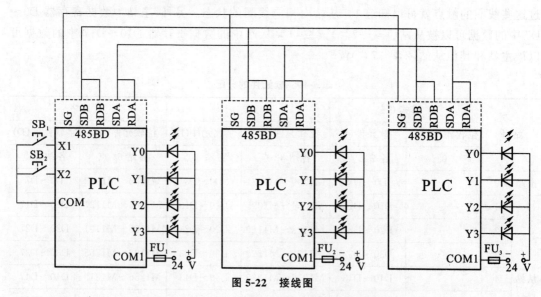

图 5-22  接线图

(2) 根据 PLC 的输入输出分配及设计思路,PLC 的控制程序如图 5-23 所示。

```
        M8038
 0 ───┤├──────┬─────────────────────────[ MOV   K0    D8176 ]
              │
              ├─────────────────────────[ MOV   K2    D8177 ]
              │
              ├─────────────────────────[ MOV   K1    D8178 ]
              │
              ├─────────────────────────[ MOV   K4    D8179 ]
              │
              └─────────────────────────[ MOV   K5    D8180 ]

        M8002
26 ───┤├──────────────────────────────────[ RST   M1000 ]

        X001
28 ───┤↑├─────────────────────┬────────────[ MOVP  K3    K1Y000]
        M1128   M10            │
     ───┤↑├────┤├──────────────┴────────────[ RST   M1000 ]

        Y000   Y001
40 ───┤├─────┤├────────────────────────────────(T0  K20)

        T0
45 ───┤├──────────────────────────────────[ MOVP  K6    K1Y000]

        Y002   Y001
51 ───┤├─────┤├────────────────────────────────(T0  K20)

        T1
56 ───┤├──────────────────────────────────[ MOVP  K12   K1Y000]

        Y003   Y002
62 ───┤├─────┤├────────────────────────────────(T2  K20)

        T1
67 ───┤├──────────────────────────────────[ MOVP  K9    K1Y000]

        Y003   Y000
73 ───┤├─────┤├────────────────────────────────(T3  K20)

        T3
78 ───┤├──────────────┬────────────────────[ MOVP  K0    K1Y000]
                      │
                      └────────────────────[ SET   M1000 ]

        X001   X002
85 ───┤├─────┤/├────────────────────────────────(M10  )
        M10
     ───┤├───┘

89 ──────────────────────────────────────────[END ]
```

（a）主站程序

```
        M8038
    0   ┤├────────────────────────────────────[ MOV    K1    D8176 ]

        M8002
    6   ┤├────────────────────────────────────[ RST    M1064 ]

        M1000
    8   ┤↑├───────────────────────────────────[ MOVP   K3    K1Y000 ]
           │
           └──────────────────────────────────[ RST    M1000 ]

        Y000  Y001
   16   ┤├────┤├──────────────────────────────────────────(T0  K20 )

        T0
   21   ┤├────────────────────────────────────[ MOVP   K6    K1Y000 ]

        Y002  Y001
   27   ┤├────┤├──────────────────────────────────────────(T1  K20 )

        T1
   32   ┤├────────────────────────────────────[ MOVP   K12   K1Y000 ]

        Y003  Y002
   38   ┤├────┤├──────────────────────────────────────────(T2  K20 )

        T2
   43   ┤├────────────────────────────────────[ MOVP   K9    K1Y000 ]

        Y003  Y000
   49   ┤├────┤├──────────────────────────────────────────(T3  K20 )

        T3
   54   ┤├────────────────────────────────────[ MOVP   K0    K1Y000 ]
           │
           └──────────────────────────────────[ SET    M1064 ]

   61   ─────────────────────────────────────────────────[ END ]
```

(b) 1#从站程序

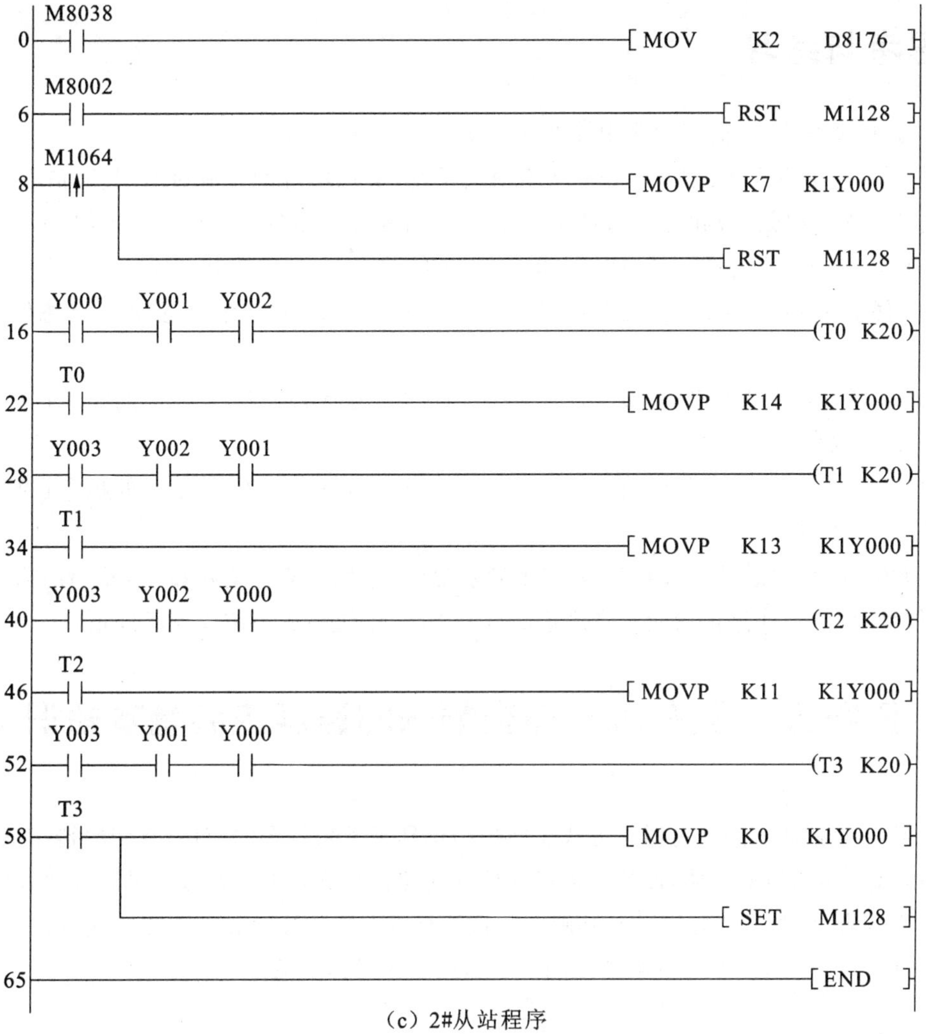

```
        M8038
   0 ───┤├──────────────────────────────────────────[ MOV    K2    D8176 ]

        M8002
   6 ───┤├──────────────────────────────────────────[ RST    M1128 ]

        M1064
   8 ───┤↑├─┬────────────────────────────────────────[ MOVP   K7    K1Y000 ]
           │
           └────────────────────────────────────────[ RST    M1128 ]

        Y000  Y001  Y002
  16 ───┤├────┤├────┤├──────────────────────────────────────(T0  K20)

        T0
  22 ───┤├──────────────────────────────────────────[ MOVP   K14   K1Y000 ]

        Y003  Y002  Y001
  28 ───┤├────┤├────┤├──────────────────────────────────────(T1  K20)

        T1
  34 ───┤├──────────────────────────────────────────[ MOVP   K13   K1Y000 ]

        Y003  Y002  Y000
  40 ───┤├────┤├────┤├──────────────────────────────────────(T2  K20)

        T2
  46 ───┤├──────────────────────────────────────────[ MOVP   K11   K1Y000 ]

        Y003  Y001  Y000
  52 ───┤├────┤├────┤├──────────────────────────────────────(T3  K20)

        T3
  58 ───┤├──┬────────────────────────────────────────[ MOVP   K0    K1Y000 ]
           │
           └────────────────────────────────────────[ SET    M1128 ]

  65 ─────────────────────────────────────────────────────────[END ]
```

（c）2#从站程序

图 5-23  PLC 控制程序

图 5-23 中，1♯从站的启动信号通过主站内的 M1000 传送过来，2♯从站的启动信号通过 1♯从站内的 M1064 传送过来，2♯从站本周期工作结束后通过站内的 M1128 传送给主站，作为主站的下一周期的启动信号，主站的停止信号在主站内通过 M10 实现主站完成当前周期后停止。通过辅助继电器存放本站的信息，其他站可以在 $N:N$ 网络上通过其辅助继电器的触点状态读取这些信息，从而实现信息的传递与交换。

（3）按图 5-22 所示接线图连接好 PLC 输入输出电路及 RS-485 总线。

（4）按图 5-23 输入程序，分别下载至主站、从站 PLC。

（5）按主站的输入信号 SB1（X1），检查主站与两个从站对应的 Y0～Y3 指示灯亮灭情况。

（6）按主站的输入信号 SB2（X2），检查主站与两个从站对应的 Y0～Y3 指示灯是否在完成当前周期后停止。

## 思考与练习

1. 分析理解程序,简述程序中辅助继电器 M8038 的作用。

2. 设计一个有 4 个站的 $N:N$ 网络通信系统,实现彩灯的轮流显示,其通信参数为刷新范围(2)、重试次数(4)和通信超时(50 ms)。彩灯轮流显示的一个周期要求如下:

(1) 主站 LED 灯按照 1、2→2、3→3、4→4、1 的顺序点亮,每个状态停 2 s 后熄灭。

(2) 然后 1♯ 从站 LED 灯也按照 1、2→2、3→3、4→4、1 的顺序点亮,每个状态停 2 s 后熄灭。

(3) 接着 2♯ 从站 LED 灯按 1、2、3→2、3、4→3、4、1→4、1、2→1、2、3 的顺序点亮,每个状态停 2 s 后熄灭。

(4) 接着 3♯ 从站 LED 灯按 1、2、3→2、3、4→3、4、1→4、1、2→1、2、3 的顺序点亮,每个状态停 2 s 后熄灭。

主站输入信号(启动信号)实现彩灯的轮流显示,主站的输入信号和 3♯ 从站的输入信号(停止信号)均能实现停止功能。当停止信号发出时,系统完成当前周期后停止。

## ◀ 任务五　了解 PLC 与变频器的通信控制基本知识 ▶

PLC 与变频器之间通过通信方式实施控制得到了越来越多的应用,在变频器-PLC 通信控制中,PLC 是通信的主体,而变频器是通信的对象。那么,PLC 能对变频器实现哪些控制呢? 建立两者之间的数据通信,对其硬件和软件有着怎样的规定和处理呢? 这里以三菱 FX 系列 PLC 与三菱 FR-E700 变频器之间的通信控制为讨论对象。

## 相关知识

### 一、PLC 对变频器的功能控制

通过设计 PLC 的通信程序能向变频器进行各种控制,而这种控制只需要几根通信线即可实现,一般按控制功能和通信数据流向可以分为如下 4 种内容。

**1. 对变频器进行运行控制**

所谓运行控制,就是 PLC 通过通信对变频器的正转、反转、停止、运转频率、点动、多段速等各种运行进行控制,其通信过程是 PLC 直接向变频器发出运行指令信号。

**2. 对变频器进行运行状况监控**

运行状况监控是指把变频器当前电流、电压、运行频率、正反转等各种状况送到 PLC 进行处理和显示。其通信过程是:PLC 首先要向变频器发送一个要求读取运行状态的指令号,然后变频器回传给 PLC 一个信号(包含要读取的运行状态的值),存到 PLC 的指定存储单元;PLC 再把这些存储单元的内容(即运行状况参数)进行处理或送到触摸屏上显示出来。

**3. 对变频器相关参数进行设定修改**

PLC 可以对变频器进行参数设定和修改。例如,对上、下限频率,加/减速时间,操作模式,程序运行等多种变频器参数进行修改。其通信过程是 PLC 直接向变频器发出参数值修改指令。

**4. 读取变频器参数值**

PLC 也可以读取变频器当前所设定的各种参数值。其通信过程是 PLC 先向变频器发送一个要求读取参数的指令,变频器则要回传给 PLC 一个信号(包含要读取的参数值),存到 PLC 的指定存储单元,PLC 再进行处理。

## 二、PLC 与变频器通信接口

PLC 与变频器都必须具备能够进行通信的硬件电路,然后要有导线将它们连接起来进行通信。这种硬件电路称为通信接口。硬件电路的设计标准不同,就形成了各种不同的接口标准,如 RS-232、RS-422、RS-485 等。PLC 对变频器进行通信,双方的接口标准必须一致。例如,三菱 $FX_{3U}$ PLC 的通信接口是 RS-485,三菱 FR-E700 变频器通过内置的 PU 接口可进行 RS-485 通信,它们的接口标准相同,可以直接通信,其通信连接图如图 5-24 所示,PU 接口插针排列如表 5-20 所示。采用 RS-485 通信方式连接 FX 系列 PLC 与变频器,最多可以对 8 台变频器进行运行监控,实现各种指令以及参数的读出/写入等功能,如果系统中有触摸屏,还可以将各种电参数直接通过触摸屏写入、显示。如果双方接口标准不一致,必须在中间加上接口转换设备,把接口标准变成一致。

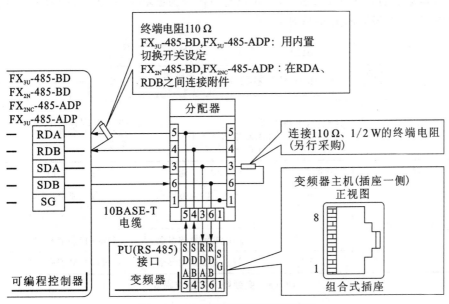

**图 5-24 PLC 与变频器通信连接图**

表 5-20    PU 接口插针排列

| 插 针 编 号 | 名 称 | 内 容 |
|:---:|:---:|:---:|
| 1 | SG | 接地(与端子 5 导通) |
| 2 | — | 参数单元电源 |
| 3 | RDA | 变频器接收+ |
| 4 | SDB | 变频器发送— |
| 5 | SDA | 变频器发送+ |
| 6 | RDB | 变频器接收— |
| 7 | SG | 接地(与端子 5 导通) |
| 8 | — | 参数单元电源 |

## 三、三菱变频器专用通信指令

在 RS-485 通信方面,除了支持三菱变频器专用协议外,还支持 MODBUS-RTU 通用通信协议,当 PLC 与三菱变频器进行通信时,必须详尽研究它的通信协议,确定其通信格式与数据格式,并利用 RS 指令经典法进行通信程序设计,这种方式的缺点是程序编写复杂、程序容量大、占内存、易出错、难调试,因此,变频器专用通信指令是在克服经典法设计缺点上出现的,目前已逐渐被越来越多的生产厂家所采用。下面介绍三菱变频器专用通信指令。

**1. FX$_{2N}$、FX$_{2NC}$ PLC 与变频器之间的专用通信指令**

FX$_{2N}$、FX$_{2NC}$ PLC 与变频器之间采用 EXTR(FNC 180)指令进行通信。在 EXTR 指令中,根据数据通信的方向以及参数的写入/读出方向分为 EXTR K10~EXTR K13 4 种描述方法。EXTR 指令说明如图 5-25 所示。

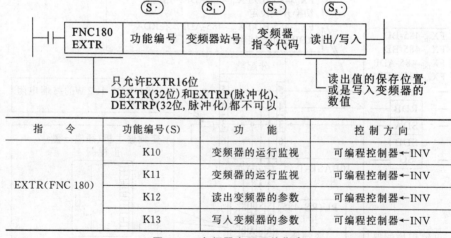

| 指 令 | 功能编号(S) | 功 能 | 控 制 方 向 |
|:---:|:---:|:---:|:---:|
| EXTR(FNC 180) | K10 | 变频器的运行监视 | 可编程控制器←INV |
| | K11 | 变频器的运行监视 | 可编程控制器←INV |
| | K12 | 读出变频器的参数 | 可编程控制器←INV |
| | K13 | 写入变频器的参数 | 可编程控制器←INV |

图 5-25    变频器专用通信指令

下面分别进行说明。

1) 变频器运行监视指令

指令说明:指令形式如图 5-26 所示。实现功能是按指令代码 S2 的要求,将站址为 S1

的变频器的运行监视数据读到 PLC 的 D 中。其中,S1 的范围是 0～31;S2 是功能操作指令代码,常用的运行监视指令代码如表 5-21 所示,其他的指令代码请参考变频器通信手册的详细说明;D 是读出值的保存地址,可以是组合位软元件及 D 存储器。

图 5-26　EXTR K10 指令

表 5-21　变频器运行监视常用指令代码

| 功　能　码 | 读　出　内　容 |
| --- | --- |
| H7B | 运行模式 |
| H6F | 输出频率 |
| H70 | 输出电流 |
| H71 | 输出电压 |
| H7A | 变频器运行状态监控 |
| H6D | 频率设定 |

2) 变频器运行控制指令

指令说明:指令形式如图 5-27 所示。实现功能是按指令代码 S2 的要求,将要求的控制内容 S3 写入到站址为 S1 的变频器中,控制变频器的运行。其中,常用的运行控制指令代码如表 5-22 所示,其他的指令代码请参考变频器通信手册的详细说明。

图 5-27　EXTR K11 指令

表 5-22　变频器运行控制常用指令代码

| 功　能　码 | 控　制　内　容 |
| --- | --- |
| HFB | 运行模式(H01 外部操作,H02 通信操作) |
| HFA | 运行指令(H00 停止,H02 正转,H04 反转) |
| HED | 写入设定频率(RAM) |
| HEE | 写入设定频率(EEPROM) |
| HFD | 变频器复位 |
| HF4 | 异常内容的成批清除 |
| HFC | 参数的全部清除 |

3）变频器参数读出指令

指令说明：指令形式如图 5-28 所示。实现功能是把站址为 S1 的变频器中参数编号为 S2 所表示的参数内容读出并存入 PLC 的存储器 D 中。

图 5-28　EXTR K12 指令

4）变频器参数写入指令

指令说明：指令形式如图 5-29 所示。实现功能是把存储器 D 的数值写入站址为 S1 的变频器中参数编号为 S2 所表示的参数值。

图 5-29　EXTR K13 指令

## 2. FX₃ᵤ PLC 与变频器之间的专用通信指令

三菱在其小型可编程控制器 FX 系列的新产品 FX₃ᵤ 和 FX₃ᵤᴄ 上增加了五个变频器的专用通信指令，同时也保留了串行通信指令，但它也规定了 RS 指令和变频器专用通信指令不能在同一通信程序中一起使用。

1）变频器运行监视指令

指令说明：指令形式如图 5-30 所示。该指令与 EXTR K10 类同，实现功能是按指令代码 S2 的要求，将站址为 S1 的变频器的运行监视数据读到 PLC 的 D 中。其中，S1 的范围是 0~31；S2 是功能操作指令代码；D 是读出值的保存地址；通道 $n$，K1 表示通道 1，K2 表示通道 2（下同）。

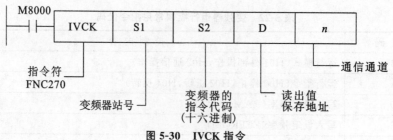

图 5-30　IVCK 指令

2）变频器运行控制指令

指令说明：指令形式如图 5-31 所示。该指令与 EXTR K11 类同，实现功能是按指令代码 S2 的要求,对在通信通道 n 连接的站址为 S1 的变频器,将控制内容 S3 写入变频器的参数中的设定值,或是保存设定数据的软元件编号来控制变频器的运行。其中,常用的运行控制指令代码如表 5-22 所示。

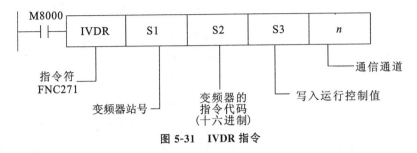

图 5-31　IVDR 指令

3) 变频器参数读出指令

指令说明:指令形式如图 5-32 所示。该指令与 EXTR K12 类同,实现功能是把站址为 S1 的变频器中参数编号为 S2 所表示的参数内容读出并存入 PLC 的存储器 D 中。

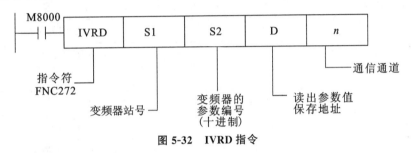

图 5-32　IVRD 指令

4) 变频器参数写入指令

指令说明:指令形式如图 5-33 所示。该指令与 EXTR K13 类同,实现功能是在通信通道 n 连接的站址为 S1 的变频器中,将参数编号为 S2 所表示的参数内容修改为 S3 的参数值。

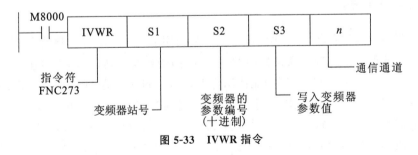

图 5-33　IVWR 指令

5) 变频器参数成批写入指令

指令说明:指令形式如图 5-34 所示,FX_{2N} PLC 没有与此类同的变频器专用通信指令。实现功能是在通信通道 n 连接的站址为 S1 的变频器中,将 PLC 中以 S3 为首址的参数表内容写入变频器相应的参数中,写入的参数个数为 S2 个。

参数成批写入时,一个参数必须有两个存储器,一个寄存参数编号,一个寄存参数数值,且规定参数编号在前,参数数值在后,一个一个排列在一起,形成一张参数表,指令中 S3 为该存储区的首址,如表 5-23 所示。在编写程序时,必须在执行该指令前将相应参数表内容

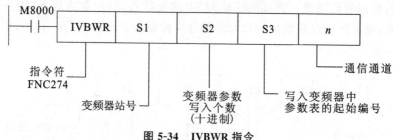

图 5-34　IVBWR 指令

存储到存储区中(称为指令初始化),然后才能执行该参数成批写入指令。

这个专用指令不但可以一次写入多个参数值,而且不需要参数编号连续,当需要一次写入多个不同编号(不连续)参数值时,只要将参数编号和参数值依次存入 PLC 指定的存储区中,指令执行后,会自动将各个参数值写入相应的参数中。

表 5-23　参数成批写入的参数表

| 存　储　区 | 存　储　器 | 内　　容 |
|:---:|:---:|:---:|
| S3 | D100 | 参数编号 1 |
| S3+1 | D101 | 参数写入值 1 |
| S3+2 | D102 | 参数编号 2 |
| S3+3 | D103 | 参数写入值 2 |
| S3+4 | D104 | 参数编号 3 |
| S3+5 | D105 | 参数写入值 3 |
| S3+6 | D106 | 参数编号 4 |
| S3+7 | D107 | 参数写入值 4 |

## 四、程序示例

运行控制通信程序如图 5-35 所示,这是一个利用 $FX_{2N}$ PLC 与变频器之间的专用通信指令进行控制的例子。实现了通信控制站址为 01 的变频器正转、反转及停止运行。变频器运行控制指令为 EXTR K11,控制功能代码为 HFA,控制内容为 H00 停止、H02 正转、H04 反转。当驱动 EXTR K11 通信指令时,指令的功能是按位组合元件 K2M20 所组成的 8 位二进制数控制站号为 01 的变频器运行,若 X001 从 OFF 变为 ON 时,M10 复位,M21 为"1",此时位组合元件 K2M20 所组成的 8 位二进制数为"0000 0010",即 H02,变频器正转。同样,反转时 K2M20=0000 0100,即 H04,停止时为 H00。这样只要一条指令就可以控制变频器的三种运行状态。

图 5-36 所示是一个利用 $FX_{3U}$ PLC 与变频器之间的专用通信指令进行参数写入控制的例子。PLC 与变频器通过通信通道 2 连接,实现了 PLC 中以 D200 为首址的参数(Pr128),将这些参数的参数内容写入通信控制站址为 00 的变频器相应的参数中,写入的参数个数为4 个,其中 PID 参数:Pr128=20,Pr129=60%,Pr130=10 s,Pr134=1 s。

专用指令法仅对某种特定的变频器而言,一般为同一 PLC 品牌的变频器,而不能对所

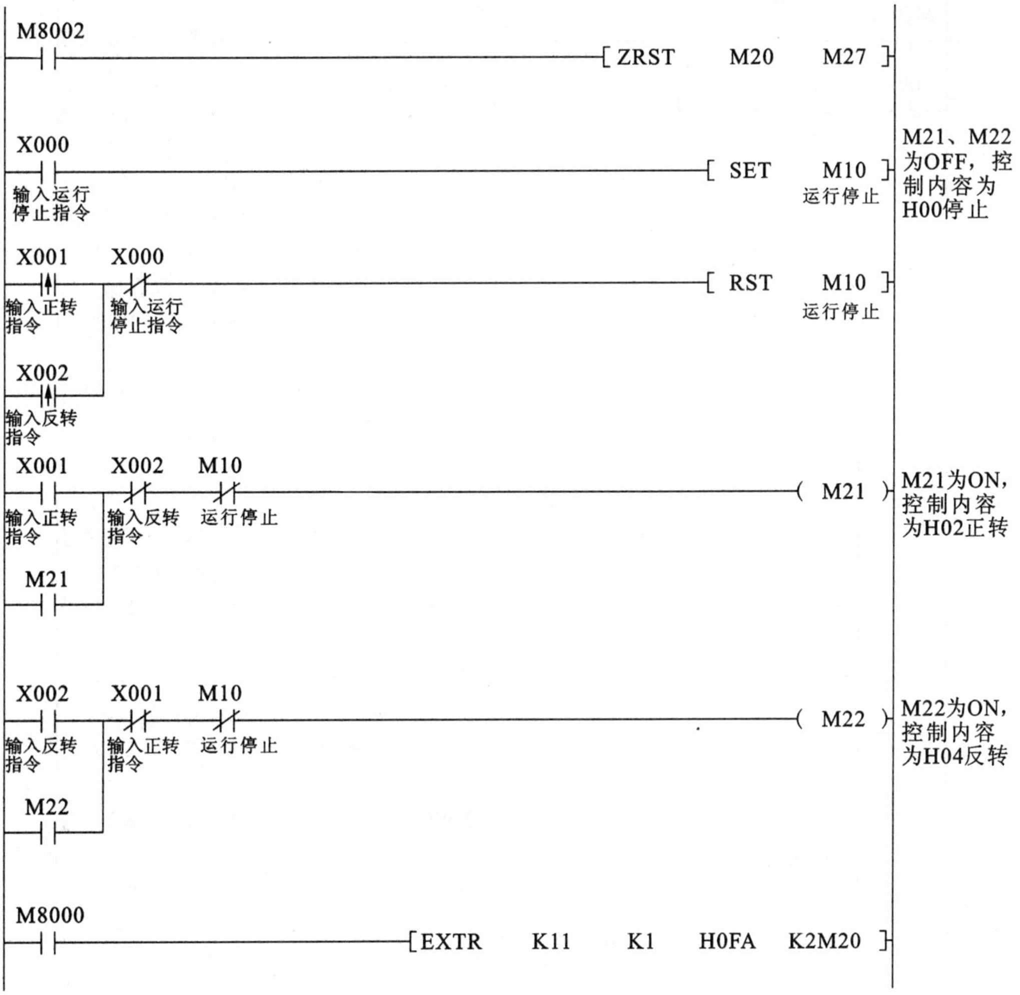

```
M8002
 ├┤├─────────────────────────────────────[ ZRST    M20    M27 ]

X000
 ├┤├──────────────────────────────────────[ SET    M10 ]          M21、M22
输入运行                                           运行停止        为OFF，控
停止指令                                                          制内容为
                                                                H00停止
X001     X000
 ├┤├─────┤/├────────────────────────────────[ RST    M10 ]
输入正转  输入运行                                  运行停止
指令      停止指令
X002
 ├┤├─
输入反转
指令
X001     X002     M10
 ├┤├─────┤/├─────┤/├──────────────────────────────( M21 )       M21为ON，
输入正转  输入反转  运行停止                                       控制内容
指令      指令                                                    为H02正转
M21
 ├┤├─

X002     X001     M10
 ├┤├─────┤/├─────┤/├──────────────────────────────( M22 )       M22为ON，
输入反转  输入正转  运行停止                                       控制内容
指令      指令                                                    为H04反转
M22
 ├┤├─

M8000
 ├┤├──────────────────────[EXTR    K11    K1    H0FA    K2M20 ]
```

图 5-35　运动控制通信程序

有变频器实行，更不能对其他类型控制设备应用，而 RS 指令经典法，则是对所有具有 RS-485 标准接口的变频器和控制设备均可应用。由于 RS 指令与变频器专用指令不能在同一通信程序中使用，当控制设备既有指定变频器也有其他变频器时，专用指令法不能采用，而 RS 指令经典法是可以的。

## 五、三菱 FR-E700 变频器通信参数设置

当三菱 PLC 与三菱 FR-E700 变频器进行通信控制时，首先要了解 FR-E700 的通信参数设置，并先设置其相应的通信参数，即站号、通信速率、数据位、停止位、校验位。连接到可编程控制器之前，用变频器的 PU（参数设定单元）设定与通信有关的参数，如表 5-24 所示。一旦在可编程控制器中改写了这些参数，便不能通信，所以如果错误地更改这些设定时，需要重新进行设定。

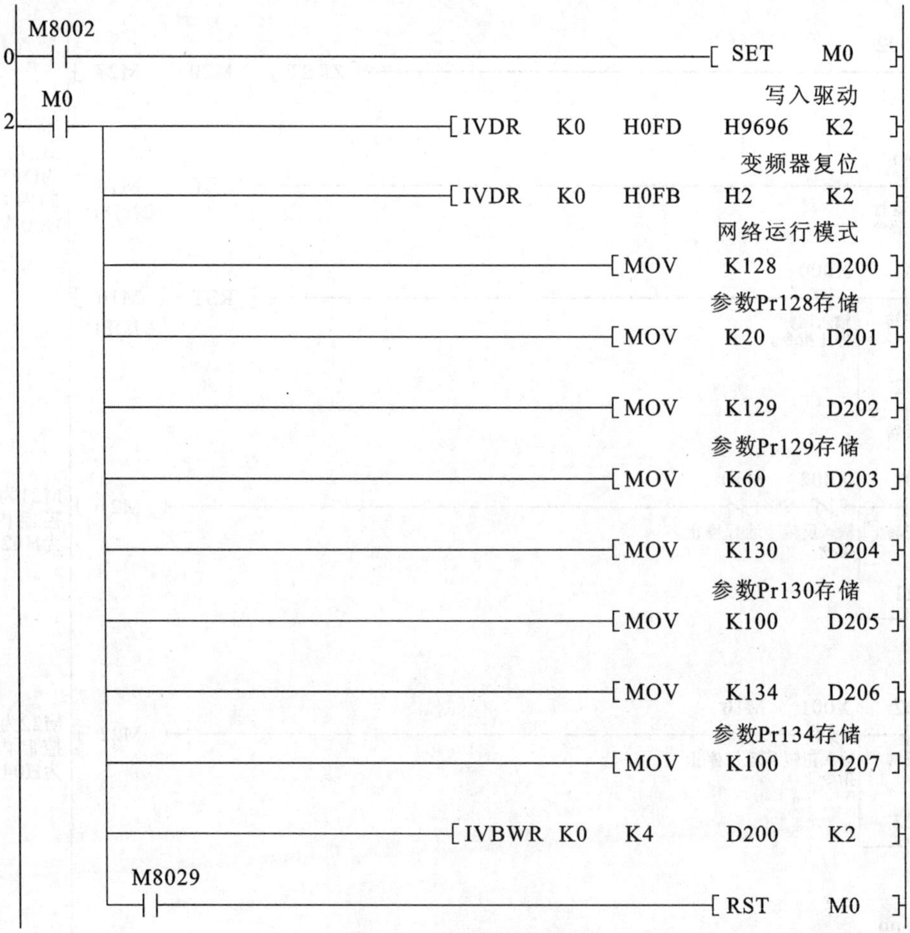

```
    M8002
0 ──┤├────────────────────────────────────────[ SET    M0 ]
                                                    写入驱动
    M0
2 ──┤├──┬────────────────────[ IVDR   K0   H0FD  H9696  K2 ]
        │                                       变频器复位
        ├────────────────────[ IVDR   K0   H0FB  H2     K2 ]
        │                                       网络运行模式
        ├─────────────────────────────[ MOV   K128   D200 ]
        │                                       参数Pr128存储
        ├─────────────────────────────[ MOV   K20    D201 ]
        │
        ├─────────────────────────────[ MOV   K129   D202 ]
        │                                       参数Pr129存储
        ├─────────────────────────────[ MOV   K60    D203 ]
        │
        ├─────────────────────────────[ MOV   K130   D204 ]
        │                                       参数Pr130存储
        ├─────────────────────────────[ MOV   K100   D205 ]
        │
        ├─────────────────────────────[ MOV   K134   D206 ]
        │                                       参数Pr134存储
        ├─────────────────────────────[ MOV   K100   D207 ]
        │
        ├──────────────────[ IVBWR  K0   K4   D200  K2 ]
        │ M8029
        └──┤├─────────────────────────────[ RST    M0 ]
```

图 5-36    参数写入控制

表 5-24    FR-E700 通信参数

| 参 数 号 | 参 数 名 称 | 初 始 值 | 设 定 值 | 设 定 内 容 |
|---|---|---|---|---|
| Pr117 | PU 通信站号 | 0 | 0~31 | 确定从 PU 接口通信的站号,最多可以连接 8 台,当有 2 台以上变频器时,就需设定站号 |
| Pr118 | PU 通信速率 (波特率) | 192 | 48 | 4800 b/s |
| | | | 96 | 9600 b/s |
| | | | 192 | 19 200 b/s(标准) |
| | | | 384 | 38 400 b/s |
| Pr119 | PU 通信停止 位长、数据 位长 | 1 | 0 | 数据位 8 位,停止位 1 位 |
| | | | 1 | 数据位 8 位,停止位 2 位 |
| | | | 10 | 数据位 7 位,停止位 1 位 |
| | | | 11 | 数据位 7 位,停止位 2 位 |
| Pr120 | PU 通信奇偶 校验 | 2 | 0 | 无 |
| | | | 1 | 奇校验 |
| | | | 2 | 偶校验 |

| 参 数 号 | 参数名称 | 初 始 值 | 设 定 值 | 设 定 内 容 |
|---|---|---|---|---|
| Pr121 | PU通信重试次数 | 1 | 0~10 | 发生数据接收错误时的再试次数容许值 |
| | | | 9999 | 即使发生通信错误,变频器也不会跳闸 |
| Pr122 | PU通信检查时间间隔 | 0 | 0 | 可进行RS-485通信,但有指令权的运行模式启动的瞬间将发生通信错误 |
| | | | 0.1~999.8 s | 通信校验时间的间隔 |
| | | | 9999 | 不进行通信校验 |
| Pr123 | 设定PU通信的等待时间 | 9999 | 0~150 ms | 设定向变频器发出数据后信息返回的等待时间 |
| | | | 9999 | 用通信数据进行设定 |
| Pr124 | 选择PU通信CR、LF | 0 | 0 | 无CR、LF |
| | | | 1 | 有CR无LF |
| | | | 2 | 有CR、LF |
| Pr79 | 选择运行模式 | 0 | 0~4、6、7 | 运行模式选择,上电时外部运行模式 |
| Pr340 | 选择通信启动模式 | 0 | 0 | 取决于Pr79的设定 |
| | | | 1 | 网络运行模式 |
| | | | 10 | 网络运行模式 可通过操作面板切换PU运行模式和网络运行模式 |
| Pr549 | 协议选择 | 0 | 0 | 三菱变频器(计算机连接)协议 |
| | | | 1 | MODBUS-RTU协议 |

## ■ 思考与练习

1. 试利用FX$_{3U}$ PLC与变频器之间的专用通信指令编写电动机正反转控制程序。

2. 试编写向在通信通道K1连接的站址为1号的FR-E700变频器写入如下参数的程序:上限频率Pr1=50 Hz,下限频率Pr2=0 Hz,制动开始频率Pr10=5 Hz,制动时间Pr11=2 s,制动开始电压Pr12=5%。

## ◀ 任务六　PLC 与变频器的通信控制 ▶

## ■ 任务提出

三菱FX$_{3U}$ PLC通信控制三菱变频器FR-E700,要求如下:

（1）按钮控制变频器的正转、反转、停止，且有正反转运行指示灯显示。

（2）上电，初始设定频率为 20 Hz，并用加速、减速按钮控制设定频率的增减，每次增减 5 Hz，频率设定范围为 5 Hz～50 Hz，电动机停止运行后再次启动，变频器运行频率恢复到初始设定频率。

## 任务分析

为了用 PLC 控制器来实现任务，从任务要求可以看出，PLC 的输入信号由外接元器件实现启动与停止功能，分别对应输入控制元件 SB1～SB5，对应的输入点是 X1～X5；变频器的运行模式是网络模式，由 PLC 通过 RS-485 通信控制变频器的运行，因此不需要分配输出点，只需要将正反转运行指示灯进行输出分配。因此，PLC 需要 5 个输入点、2 个输出点，输入输出点分配如表 5-25 所示。

表 5-25　输入输出点分配

| 器件 | 输入软元件 | 作用 | 器件 | 输出软元件 | 作用 |
| --- | --- | --- | --- | --- | --- |
| SB1 | X1 | 正转启动 | LED1 | Y0 | 正转指示灯 |
| SB2 | X2 | 反转启动 | LED2 | Y1 | 反转指示灯 |
| SB3 | X3 | 停止 | | | |
| SB4 | X4 | 手动加速 | | | |
| SB5 | X5 | 手动减速 | | | |

本次任务采用 FX$_{3U}$ PLC 与变频器之间的专用通信指令实现。系统接线图如图 5-37 所示。

## 任务实施

（1）按照图 5-37 所示接线图连接系统，检查线路的正确性，确保无误。

（2）根据任务要求，设置三菱 FR-E700 变频器通信参数，具体设置如下：

Pr79＝0

Pr117＝1　　　　　　1 号从站

Pr118＝192　　　　　波特率 19 200 bit/s

Pr119＝10　　　　　数据位 7 位，停止位 1 位

Pr120＝2　　　　　　偶校验

Pr121＝9999　　　　通信错误无报警

Pr122＝9999　　　　通信校验终止

Pr123＝9999　　　　由通信数据确立

Pr124＝0　　　　　　无 CR、无 LF

每次参数初始化设定完后，需要复位变频器，如果改变与通信相关的参数后，变频器没有复位，通信将不能进行。

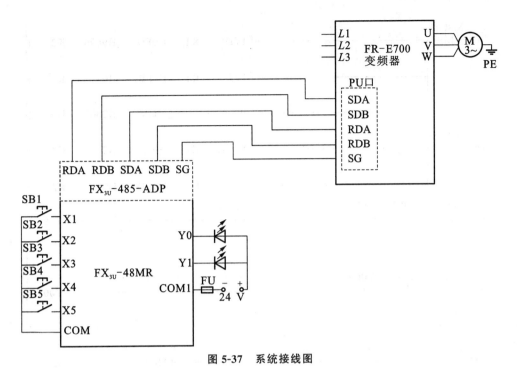

图 5-37　系统接线图

（3）完成三菱 PLC 系统参数设置，需与设置好的三菱 FR-E700 变频器通信参数一致。如图 5-38 所示。

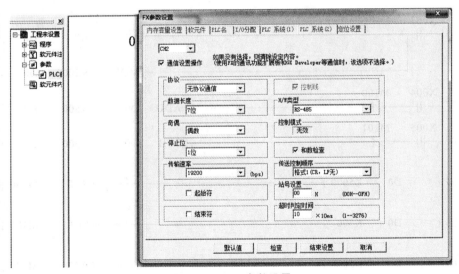

图 5-38　PLC 参数设置

由于 $FX_{3U}$ PLC 有两个通道 CH1、CH2 可进行 RS-485 通信，具体采用哪个通道与变频器进行通信，请自行测定。

（4）根据 PLC 的输入输出分配及程序设计思路，PLC 的控制程序如图 5-39 所示。

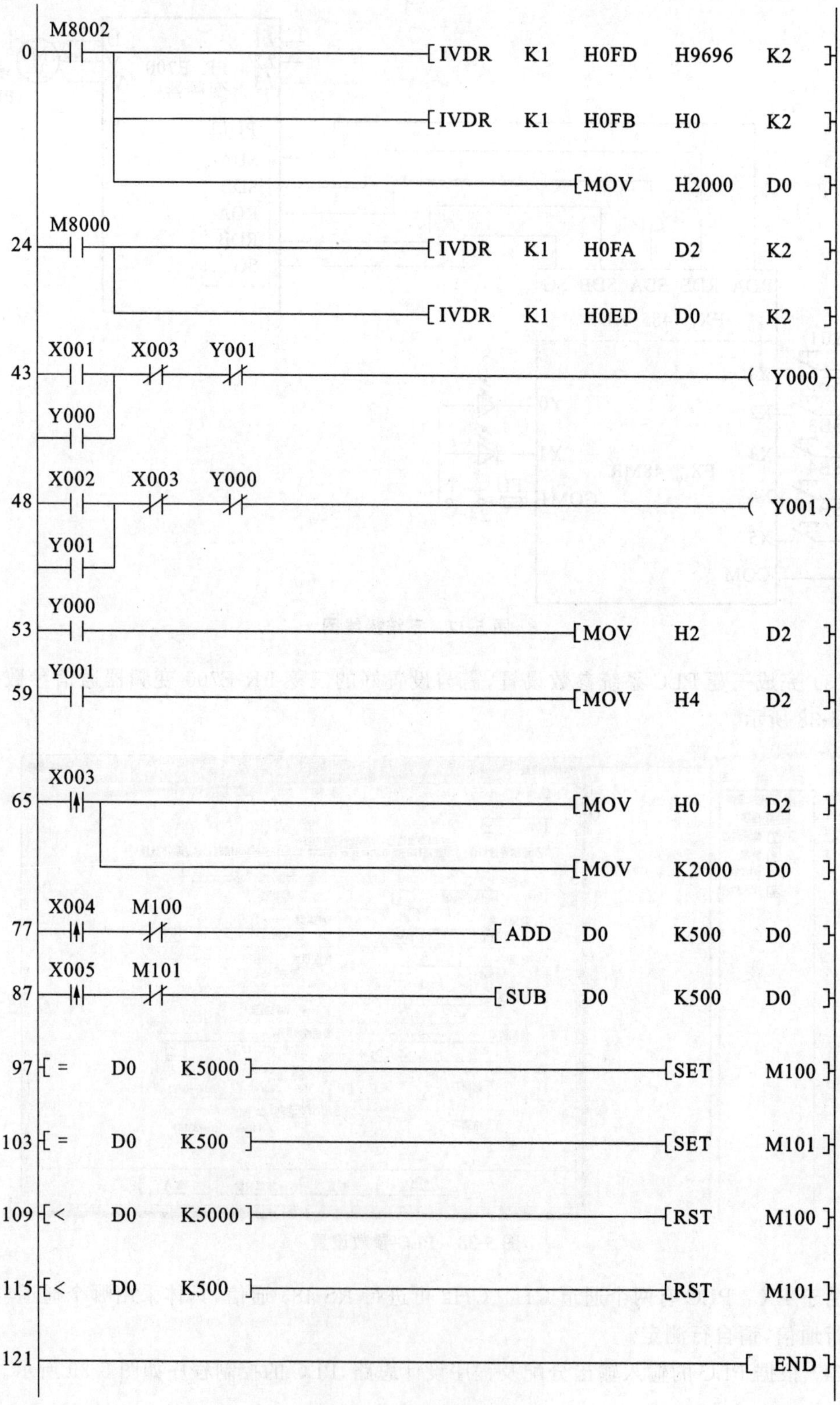

```
      M8002
 0 ─┤├──┬──────────────────────[ IVDR  K1   H0FD   H9696   K2 ]
        │
        ├──────────────────────[ IVDR  K1   H0FB   H0      K2 ]
        │
        └──────────────────────[ MOV         H2000   D0        ]

      M8000
24 ─┤├──┬──────────────────────[ IVDR  K1   H0FA   D2      K2 ]
        │
        └──────────────────────[ IVDR  K1   H0ED   D0      K2 ]

      X001   X003  Y001
43 ─┤├──┬──┤/├──┤/├─────────────────────────────────( Y000 )
      Y000 │
     ─┤├──┘

      X002   X003  Y000
48 ─┤├──┬──┤/├──┤/├─────────────────────────────────( Y001 )
      Y001 │
     ─┤├──┘

      Y000
53 ─┤├──────────────────────────────────[ MOV    H2     D2 ]

      Y001
59 ─┤├──────────────────────────────────[ MOV    H4     D2 ]

      X003
65 ─┤↑├─┬────────────────────────────────[ MOV    H0     D2 ]
        │
        └────────────────────────────────[ MOV   K2000   D0 ]

      X004   M100
77 ─┤↑├──┤/├────────────────────────[ ADD   D0   K500   D0 ]

      X005   M101
87 ─┤↑├──┤/├────────────────────────[ SUB   D0   K500   D0 ]

97 ─[ =   D0   K5000 ]───────────────────────[ SET   M100 ]

103 ─[ =   D0   K500 ]────────────────────────[ SET   M101 ]

109 ─[ <   D0   K5000 ]───────────────────────[ RST   M100 ]

115 ─[ <   D0   K500 ]────────────────────────[ RST   M101 ]

121 ──────────────────────────────────────────────[ END ]
```

图 5-39  PLC 的控制程序

（5）写入程序。注意在执行 PLC 写入时，除了要选择主程序，也需要选择 PLC 参数，将 PLC 参数与程序都写入 PLC 中。如图 5-40 所示。

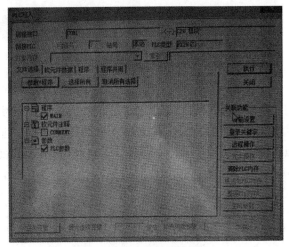

图 5-40　PLC 写入对话框

（6）PLC 断电复位，重新上电后进行程序调试，检查是否实现了控制功能。

## 思考与练习

1. 分析理解程序，说明程序中辅助继电器 M100、M101 的作用。

2. 设计一个有 3 个站的 $N:N$ 网络通信系统，实现彩灯的显示及变频器控制，其通信参数为刷新范围（2）、重试次数（4）和通信超时（50 ms）。系统工作的一个周期要求如下：

（1）主站 LED 灯按照 1、2→2、3→3、4→4、1 的顺序点亮，每个状态停 2 s 后熄灭。

（2）接着 1♯从站 LED 灯按 1、2、3→2、3、4→3、4、1→4、1、2→1、2、3 的顺序点亮，每个状态停 2 s 后熄灭。

（3）接着 2♯从站控制变频器拖动电动机以 20 Hz 正转运行 10 s 后停止，其中加减速时间为 2 s。

（4）主站输入信号（启动信号）实现系统的循环启动控制，主站的输入信号（停止信号）能实现停止功能。当停止信号发出时，系统完成当前周期后停止。

# 参考文献 CANKAOWENXIAN

[1] 瞿彩萍.PLC 应用技术(三菱)[M].北京:中国劳动社会保障出版社,2006.

[2] 阮友德.任务引领型 PLC 应用技术教程(下册)[M].北京:机械工业出版社,2014.

[3] 李金城.PLC 模拟量与通信控制应用实践[M].北京:电子工业出版社,2011.

[4] 李宁.电气控制与 PLC 应用技术[M].北京:北京理工大学出版社,2011.

[5] 汤光华,刘捷.PLC 应用技术[M].北京:化学工业出版社,2011.